等人提拔，

不如自己拿梯子

往上爬

該懂卻沒人教，在企業裡成功向上的三眉角

林宜璟 ———— 著

〈目錄〉

第二眉角：溝通──不能用拳頭，只能靠舌頭

第三眉角：領導——如果一頭獅子帶領的一群羊
　　　　　遇到一頭羊帶領的一群獅子

〈前言〉

該懂卻沒人教，
在企業裡成功向上的眉角

人需要被提醒的次數，遠大於需要被教育的次數

都說公司像個金字塔。除非含金湯匙出生的富二代，否則都是從底層往上爬。只是有人爬得快，有人爬得慢；有人最後爬到高位，也有人，終其一生還在底層。

在職場上我遇過很多聰明的人，也遇過很多努力的人；甚至還有好多聰明又努力的人。但依我的觀察，爬快爬高的，卻不一定是他們。好多人品端正，能力不俗的人似乎都卡在某些環節，以至無法更上層樓。令人惋惜。

相反的，在組織成功向上的人似乎都掌握某些不為人知的「眉角」，讓他們在關鍵時刻能逢凶化吉，輕舟巧過萬重山。或許在他們心中有一些獨到的心法，或是抽屜中放了幾個必要時保命的錦囊妙計。無論如何，這些眉角就像梯子一樣，讓這些得天獨厚的「選民」在企業的層級愈爬愈高。

我相信「成功必定有方法，失敗一定有原因」，所以我持續分析整理這些觀察到的「眉角」。並在身邊朋友以及網友的鼓勵之下，陸續整理成文。

我理解的角度和我職業生涯的兩種身份息息相關，一是家臣，一是客卿。這兩種身份使我得我能兼用鳥眼與蟲眼來觀察企業的生態。

家臣和客卿有什麼不同？家臣可辱不可殺，客卿可殺不可辱。

鳥眼和蟲眼有什麼不同？鳥眼看全貌，蟲眼看細節。只用鳥眼，沒有真相。只用蟲眼，沒有方向。

進入職場的前期，我在企業內擔任專業經理人，是家臣。所謂家臣就是只要老闆當你是自己人，他未必給你好臉色，也不一定讓你好受，但除非犯下十惡不赦的滔天大罪，不會痛下殺手要你走。當了家臣，要不是已找好後路，或是抱著「老子和你拼了」的必死決心，否則在房貸未清，孩子大學沒畢業的現實下，大概和「骨氣」兩個字都不熟。所以也曾經在組織中，老闆明明指的是鹿，我卻跟著大家說那是馬。還好我運氣不錯，判斷力也還可以，必須這樣睜眼說瞎話的狀況極少，忍一忍也撐過去了。

就這樣在組織被磨了好多年，雖然不敢自封為大內高手，但也練出「苟全性命於亂世，不求聞達於諸侯」的功夫底子，能存活於組織叢林而遊刃有餘。

當家臣，讓我用蟲眼近距離的體察企業主及高階主管的微妙心緒。讓我深入理解，有人就有權力，權力是稀少資源，政治就是分配這稀少資源的方法與系統。組織的運作未必合乎普世的價值標準，更未必合你意。但組織的運作必然有邏輯，而且，這個邏輯很穩定，不太會改變。還有，各種類型的組織，不管外表看來差異有多大，但其實

內部的邏輯令人驚訝的相似。

然後，我轉換身份為客卿。我的工作是管理顧問。

顧問的本質是如果你講的和客戶原本想的一樣，你的存在就叫多餘，客戶的錢就是白花。所以和客戶唱反調是這行業的宿命，也是職業道德。一個總是附和客戶的顧問，不但有損專業，日子久了，在江湖上也混不下去。但是萬一顧問說的客戶真聽不下去怎麼辦？很簡單，換一個顧問。「可殺不可辱」，就是這個意思！

顧問工作在兩個方面提昇我的眼光，一個是量，一個是質。以量而言，這份工作讓我在這些年接觸了大大小小、形形色色的數百家公司。每家公司，都有自己獨一無二的經營環境、生存優勢，還有問題，都是活生生的管理教案。我累積的經驗數量，比過去在企業內任職時多得多。正所謂「熟讀唐詩三百首，不會作詩也會吟」。

其次是質。顧問工作的好處之一就是很容易見到企業高層。但這不是重點，重點是你還能聽到企業的高層說真話，說心裡話。因為企業請你本來就不是要說好聽話(當然，讓良藥比較不苦口的說話技巧還是必要的)。再加上你和企業內的人沒有利益衝突，所以你會直接碰觸問題最赤裸裸的核心。

顧問工作，磨練我綜覽全局的鳥眼。我發現有太多絕頂聰明的人，只是因為人在其中就全然昏了頭。他們需要的，常常只是不同視角的觀點：高度高一點、時間長一點，該考慮的人多一點，如此而已。但這樣簡單的事，卻不得不透過像我這樣的外人來提點。原因無他，正所謂「不識

盧山真面目，只緣身在此山中」，「偶開天眼覷紅塵，可憐身是眼中人」。

智者說：「人需要被提醒的次數，遠大於需要被教育的次數」。我有些觀點也許樸實無華，但卻是這個「眼外人」誠心誠意的提醒。藉由「家臣」與「客卿」，「蟲眼」與「鳥眼」不同身份、視角的交叉比對，我整理出我認為對企業人在組織裡力爭上游有幫助的三大類型「眉角」成為這本書。

走在人生的路上，我們都期待有貴人提拔。但是，與其被動等待，不如主動的自己拿梯子往上爬。

更重要的是，既然是貴人，往往不和我們活在同個維度。當我們提昇自己的高度之後，才發現在那個時空裡，出現在身邊的每個人都是貴人。

有句話說：「願少者有知，願老者能為」。少時的無知，老時的不能為是人生莫大的遺憾。真心希望這本書能減少一點這樣的遺憾。也讓大家在循階向上的過程中，多點助力，多點樂趣。究竟能不能做到這個目標，有待讀者你的決定。而我，要藉這個機會再次提醒我自己(人都需要被提醒的，包含提醒別人的人)，進入顧問這個行業的初心：與時俱進，讓正向的改變生生不息。

幫助企業人往上爬的三眉角

如何在企業界自帶梯子一路向上爬，初初想起來好像很複雜。但仔細剖析，其實只要能掌握三個眉角，也就以簡馭繁，遊刃有餘了。這三眉角，用圖形表示如下：

企業人的三大眉角

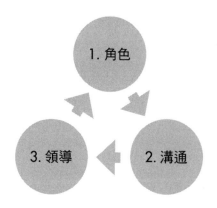

意思是要順利的往上爬，一開始要先對自身的角色有正確的認知，然後透過溝通完成任務，最後有效的領導團隊，和團隊一起成功。

眉角一：角色——有些事真的和能力沒有關係，只看你認不認

所謂的角色，是個人與組織間彼此的權利和義務，以及運作邏輯。對企業人的角色有正確的認知，是所有有效改變的開端。這事不先弄清楚，其他的都是白搭。所以我們將這部份作為故事的開始。

眉角二：溝通——不能用拳頭，只能靠舌頭

企業的宿命是由一群人組成；這群人有不同的個性，不同的價值觀，不同利益得失的考量，卻又不得不協同合作，才能產出績效。讓人合作的方式，古往今來只有兩個，一是用拳頭，一是用舌頭。所以溝通為什麼對企業這麼重要？因為在時代進步，我們是文明社會，拳頭早就不管用（至少在合法經營的企業裡是如此），所以就只剩下舌頭了。用舌頭，比較有學問的說法，就是溝通。

溝通是企業裡最常提起，卻又最難落實的事。但不論溝通再怎麼難搞，它還是組織有效運作最初到最後的煩惱，也是唯一的解方。所以，認命吧！別無選擇，溝通，就是非要掌握的第二個眉角。

眉角三：領導——如果一頭獅子帶領的一群羊遇到一頭羊帶領的一群獅子

很多人聽過一個管理上的比喻：如果一頭獅子帶領的一群羊遇到一頭羊帶領的一群獅子，哪個團隊比較強？聽

說標準答案是獅子帶頭的團隊比較強，所以證明領導者很重要，對嗎？其實未必！因為重要的關鍵是，如果你是羊，你敢跟獅子走嗎？如果羊不跟獅子走，那獅子又能如何呢？

領導的本質不是權力，而是影響力。一種讓別人相信依你的意思行事，會對組織有利，並在最後讓大家都有利的能力。擁有這樣的能力，比你的職稱是什麼更重要得多。

角　色

有些事，
真的和能力沒有關係，
只看你認不認

要融入一個組織，最基本的條件是想清楚自己和組織的關係。所謂的關係，是一組錯綜複雜的權利與義務，以及串起這些權利和義務的邏輯，本書稱之為「角色」。

對組織與個人而言，彼此都不是歸人，都只是過客。

個人與團隊宿命的矛盾是：創造利益時要合作，分配利益時卻又要競爭。個人與組織就在這種競合的狀態中，保持動態的平衡。

個人與公司的關係，說白了，就是各取所需。唯一要做的，是了解你的公司，並且管理好這個達成人生目標的重要平臺。

1
......

甘願就有能力，
煩惱即是菩提

甘願就有能力：

很多事做不做和能力無關，只看認不認為這是你的事

煩惱即是菩提：

有些問題，只要你認為它不是問題，問題立刻不見

　　要融入一個組織，進而在其中生根成長，最基本的條件是想清楚自己和組織的關係。所謂的關係，是一組錯綜複雜的權利與義務，以及串起這些權利和義務的邏輯。這些權利、義務以及組織運作的邏輯，在這本書裡一言以蔽之，稱之為「角色」。

　　角色的認知對了，事情自然條理分明，按部就班；不會有無謂的自憐與怨懟。

　　先說甘願就有能力。

　　你的孩子跟你說：「媽媽（或爸爸），我肚子餓了。」你會怎麼回答？

　　一般正常的爸媽，回答大概都是：「你想吃什麼？」或「那吃……好嗎？」之類的。

但是如果走在路上有一個孩子忽然拉住你說，叔叔（或阿姨）我肚子餓，你會怎麼說？平常一點的說：「怎麼了？你的爸媽呢？」狠一點的說：「你肚子餓跟我有什麼關係？」（當然偶爾也有善心人士，就去找警察啦！）

我相信正在讀本書的每位讀者，都有能力讓一個孩子飽餐一頓。那為什麼很多的人不理會路上那孩子的要求？

答案很簡單，因為角色的認知。我們認為自己的孩子餓了，就是我們的事，但別人的孩子餓了，他的父母該負責。這事和能力無關。

企業裡很多莫明其妙、匪夷所思的事，追根究底，原因只有一句話：「啊？原來這是我的事喔？」

再看煩惱即是菩提。

曾經有業務同仁向我抱怨公司的產品價格比別人高，規格又沒有競爭對手好，不知道要怎麼賣。我靜靜的聽了他抱怨五分鐘後，抓住一個他換氣的空檔，切進去問他：「啊如果我們的產品價格世界上最低，規格品質天下無敵，那公司養我們這些業務做什麼？網站上廣告貼一貼，訂單不就如雪片般飛來了？」他停下了嘴，錯愕的看著。我接著說：「知道公司產品價格規格不如人，要感恩啊！這表示我們不用擔心沒工作，有飯吃了。」

他眼神困惑、欲言又止，大概在想，這又是什麼管理階層唬爛出來的大歪理。我知道這道理對他而言太深，他火候未到，要以後才能體會。但這事很重要，晚懂不如早懂。如果我們能體會，就是因為產品不能十全十美、盡如人意，才需要業務人員加值包裝後找到對的人去賣，那麼

「產品這麼爛怎麼賣？」就不再是個問題。取而代之的是「那我要如何才能把這產品賣好？」

　　當然我絕不是鄉愿的說，不管公司給的條件如何，企業人就是要硬用人定勝天的精神一味蠻幹，孔子不也說過「亂邦不居，危邦不入」？但企業人的基本價值就是「在限制條件下求最佳解」。放手之前要先盡力。至於怎樣才叫「盡力」，我們會在後面的章節，給盡力一個具體明確的「操作型」定義。

　　所有職位都是為問題而存在，所有問題都是創造價值的機會，尤其是難搞、非常態的問題。因為這年頭好搞、常態的問題，基本上電腦都處理完了。人腦還有存在價值的空間，就是這些例外複雜的頭痛問題。

　　解決問題的方法有很多，但一切開始於「問題是一個值得面對的狀態，不要逃不要閃」這個認知。所以，讓我們輕輕再唸一遍，「煩惱即是菩提」。

　　以下各章，就是透過不同的角度，來談這件對企業人最根本、最重要的事：角色。

2

進來都是偶然，
離開都是必然

每個人加入組織都是偶然，每個人離開組織都是必然

TEAM: Together, Everyone Achieves More!

錢永遠都很重要，但錢永遠都不是最重要

帶得走的是無形的薪水

能幫你完成人生目標的，就是好公司！

都不是歸人，都只是過客

　　每個人加入組織都是偶然，每個人離開組織都是必然。這句話很露骨，卻也是普世不移的硬道理。

　　你說你一進公司就矢志效忠，非要做到退休才走。很好！但那也是有退休的一天吧？還是得閃人。更何況，現在的公司開開關關，員工希望天長地久，老闆只在乎曾經擁有。要拚到退休，除了努力，還看運氣。

　　對組織與個人而言，彼此都不是歸人，都只是過客。

　　在這偶然與必然的過程中，團隊成員從「相忘於江湖」變成「相濡以沫」，為的是什麼？為的就是藉由聚合在一

起，共同創造出更大的利益，同時最後自己也分配到更大的利益。組織是個平臺，透過這個平臺，個人的力量集結整合後創造出遠多於單打獨鬥的成果。同時，平臺也規範了利益分配的規則。

個人與團隊宿命的矛盾是：創造利益時要合作，分配利益時卻又要競爭。個人與組織就在這種競合的狀態中，保持動態的平衡。

TEAM: Together, Everyone Achieves More

團隊的英文是「TEAM」。TEAM這個字，可以解釋為 Together, Everyone Achieves More，用最直白的說法，就是每個人都希望透過加入團隊來得到更多。這當然是個開玩笑的說法，卻也深刻點出組織的特性。

要特別強調的是，這裡所謂的more，更多，不是單是指一般人會想到的升官發財。加入團隊帶來的安全感，同儕給予的關懷，甚至自我追求的成就感，都是某種「更多」。錢永遠都很重要，但錢永遠都不是最重要。據說拿破崙就曾說過：「人類歷史上最令人費解的事，就是有人會為了一枚破銅片而賣命，這個破銅片指的當然就是勳章。」人生在世，無形的常常比有形的更要命。

在組織裡安身立命，弄清楚錢之外，別人要的是什麼？還有更重要的，你自己要的是什麼？事關重大。

用另一個角度看，這裡所謂的more，除了更快樂，也可以是比較不痛苦。追求快樂的動力很強，但逃避痛苦的力量可能更大。所以有時觀察團隊裡的人，雖然感覺他

們很不快樂，卻依然賴著不走（我相信大家都遇過一些天天罵公司，罵了三年人卻還在的人），原因無他——離開了更痛苦。

如果我們接受上面所說的組織與個人的關係，對組織的眼光就可以更加清明，態度可以比較淡定。幾個我覺得重要的體會，整理在下面：

歡喜做，甘願受

你現在的工作，可能就是你所能有的最好選擇。

我曾經有個部屬，工作表現中上，我對他還算滿意。但他常每隔一段時間就來跟我抱怨薪水太低。後來有一天，本宮也乏了，就直接給他三月的特別待遇。這三月的期間內，我讓他放手找工作。份內的工作當然還是要做，但我從寬要求。另一方面，如果需要在上班時間內去別的公司面談，我盡量給他方便。當然，這一切都有賴彼此的信任，私下祕密進行。

三月過去後，他還在。他告訴我決定留下來，也不來抱怨了，而且比之前更認真。我想，他終於了解，「眾裡尋他千百度」之後，眼下的這份工作，「驀然回首」後還是最適合他的。

學過經濟學的都了解，市場雖然不完美，但還是撮合供需最有效的機制。個人與組織原本就是供需的關係，所以慢慢也會在就業市場演化出平衡的狀態。

在一家公司工作，只是特定時空下供需的平衡狀態，是偶然。只要守住遊戲規則還有江湖道義，好聚好散，彼

此不用太沉重。覺得被虧待了，探頭到外面看看也很好。探完頭後，要去要留，好好決定，然後心甘情願的放手去做。

最消磨志氣及惹人厭煩的，莫過於留在原來的位子抱怨了。

你有兩份薪水

每個人都領兩份薪水。

每個人在公司都領兩份薪水，一份有形，一份無形。有形的薪水包含薪資、福利、工作環境以及日後的晉升等。有形的薪水容易計算，多數人選擇工作看的也就是這些。這樣沒錯，但可以看得再寬一點。

無形的薪水可能包含：工作歷練、人脈關係、教育訓練、視野擴大格局提升等等。而這些正是日後轉換軌道更上層樓，或是自行創業的本錢。

有形薪水跟著公司，當你離開公司時，也就同時歸零了。無形的薪水則是跟著自己，即使離職，依然帶著走。就像雲門舞集舞蹈教室的廣告標語：「身體學會的，誰也拿不走。」

當計算我們在團隊中是否有 achieve more 的時候，這份無形薪水一定要考慮進去。畢竟離開都是「必然」。特別是這年頭，除非你的雇主是政府，在你離開時，大多數公司能付給你的退休金或離職金都不夠用。所以，離開之後，能帶走什麼，更加重要。

什麼是好公司？

　　什麼是好公司？能幫你完成人生目標的，就是好公司！

　　因為工作的關係，常有年輕朋友問我關於轉換工作的意見。典型的問題是：「老師，我目前在A公司工作，有另一家B公司要我去上班，老師你覺得A公司和B公司，哪一家比較好？」

　　哪一家公司比較好？大哉問！我通常不直接回答，而要對方回答我三個問題。

　　第一個問題：你三年後想要變成什麼樣子？

　　這個問題有了答案，再來才問第二及第三個問題：

　　第二個問題：你覺得哪一家公司比較能幫助你成為你想要的樣子？

　　第三個問題：為什麼你覺得這一家公司比較能幫助你變成你想要的樣子？

　　第一個問題問目的，第二、三個問題問手段。目的是自己人生的選擇，外人如顧問者，無從評論。至於手段是不是能達到目的，有一些規則與邏輯，這方面，我們在企業的經驗有點幫助。

　　所以什麼是好公司？能讓你成為想要的樣子，也就是幫你完成人生目標的，就是好公司！

　　一家公司待遇偏低，但工作穩定。上班彈性，下班準時，你每天都是孩子幼兒園裡第一個去接小孩放學的父母。這是家好公司，只要你認為每天能準時接孩子，有許

多時間陪他們很重要。

一家公司產業前景不錯，但制度混亂。說好要你去當業務的，但進去之後你發現不只業務，連生產、採購、甚至品管都要插手，否則就會出大亂子。讓你累得像狗，每天都三更半夜才回家。這一樣是家好公司，只要你的目的是五年後自立門戶，和老東家打對臺。要學工夫，再沒有比這更好的機會了。

一家公司一無可取，卻是目前唯一給你工作的公司，這一樣是家好公司。因為他至少滿足你基本生活所需，以及給你時間去學習成長。

公司是完成人生目標的平臺，有了目標，才能判斷平臺的好壞。

不過實際上我遇到的情況通常是，當我問完第一個問題後，對方的回答是「這我也沒想過耶！」

這樣的話，我就會說一個《愛麗絲夢遊仙境》的故事給他聽。

愛麗絲迷路了，遇到一隻貓。

愛麗絲問貓：「你能告訴我，我該走哪條路嗎？」

「那得看你打算去哪兒。」貓說。

「我不在乎去哪兒。」愛麗絲說。

「那你走哪條路都無所謂。」貓說。

理論上，因為不知道要去哪裡，所以走哪條路都無所謂。但實務上，我會勸你留在原來的公司，一動不如一靜。因為新的環境未知變數多，用比較專業的說法就是風險大。評估投資案的基本原則是，當兩個方案的期望回報一

樣時，風險低的當然勝出。

　　個人與公司的關係，說白了，就是各取所需。只是這種「所需」，不局限於有形的金錢物質，還包括更高不同層面的人性需求。你既不需要勉強自己愛自己的公司，但更不要去恨你的公司。唯一要做的，是了解你的公司，並且管理好這個達成人生目標的重要平臺。

　　勉強的事都不長久。公司與個人的事，只要想清楚了，一切好說。

3
......

先弄清楚誰是裁判
以及裁判的評分標準，
再準備比賽

公司是完成人生目標的重要平臺，
你不必愛它或恨它，但一定要好好管理它
了解評分標準最快的方法就是：問
管理是處理對與對的衝突，而不是對與錯的衝突
管理的核心是平衡
人生最大的悲劇不是沒做事，而是做了還被嫌

弄清楚誰是裁判再準備比賽

如果我們接受「公司是完成人生目標的重要平臺，你
不必愛它或恨它，但一定要好好管理它」這個觀念，那麼
接下來的重要問題就是，如何才能管理它？

最重要的第一件事，是了解公司的遊戲規則。

組織裡有形無形的遊戲規則很多，但總結起來，我認
為最重要的只有一條，就是：先弄清楚誰是裁判以及裁判
的評分標準；再準備比賽。

你打算參加體操比賽，還想拿金牌，請問你必須做的第一件事是什麼？

如果你的答案是「努力練習」，很可惜，你注定拿不到金牌了。

努力練習當然是成功的關鍵，但絕對不會是要做的第一件事。參加比賽，第一件事永遠是：了解比賽規則。

以體操而言，一個動作難度如何，做得好的話可以得幾分，都是有規矩的。想得金牌，兩件事要做好：

第一件事，知道要把哪些動作做好，才有足夠高的分數可以得金牌。

第二件事，把這些動作練到完美。

關於第一件事，比賽規則，除非哪一天你成為體操界的大老，可以改變規則，否則在可預見的未來，你只能遵守。

至於第二件事，練習，這才是操之在我的。

四種裁判：CEO＋S

體操選手和企業人的共通點是，你的表現和自我感覺是否良好無關；裁判說了算。

但比起體操，企業的比賽規則更複雜些。首先，裁判不只有一種，而有四類。其次，這四種人的評分標準都不一樣。更慘的是，這四種人的評分標準常常互相矛盾衝突。

企業內有四種裁判：CEO＋S。

在企業裡能為你打分數的有四種人，為了幫助大家好記憶，我們稱之為CEO＋S。圖示如下：

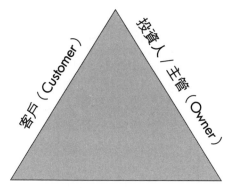

企業人的四種裁判 CEO + S

投資人／主管（Owner）

客戶（Customer）

員工（Employee）

重要的合作夥伴（Significant Partner）

Customer（客戶）：用最白話文的定義，就是付錢買我們公司產品或服務的人。這是我們的衣食父母，當然重要。

Employee（部屬）：如果你是主管，這就是與你一起工作，同時你還要負責打他們的考績，決定他們調薪、升遷的人。如果你不是主管，那恭喜你，你少了一種裁判要伺候；當然也有主管不覺得需要考慮部屬的想法，不過他們最後都悔不當初）。

Owner（投資人／主管）：Owner原意是公司所有人，也就是股東。這裡擴大解釋，泛指所有你的頂頭上司。因為部屬常常認為只要當上主管，說起話來就十足是資方的調調，換位子就換腦袋。其實除了真正的大老闆，這些被你當成資方的，暗夜飲泣時都還哀嘆自己是個小勞方。

Significant Partner（重要的合作夥伴）：這群人的組成

特別複雜。基本上就是所有不直接管你，也不歸你管，然後也不付錢給你的一群人的大集合。具體來說，主要有以下幾種類別：其他部門的同仁、協力廠商、公司所在地區的居民、黑白兩道……，族繁不及備載。

其他部門同仁的重要性就不用多說了。在我的顧問工作裡，客戶提到「加強跨部門合作」這個詞的次數僅次於「業績」，可見這事情有多要緊。

如果你的公司從事污染性的產業，那所在地居民的想法你一定要很重視。

如果你的公司做特種行業，那黑白兩道的關係，不好怎麼可以？

這四種不同類型的裁判，手上權力的份量未必均等。不同的產業，各類裁判的影響力有不同的權重。但無論如何，他們是影響你比賽成績的人。意識到他們的存在及份量，是贏得比賽的第一步。

裁判的評分標準是什麼？

其次是，裁判的評分標準是什麼？

這問題極為重要，但這問題你我既沒有，也不該有答案。唯一能回答這問題的，只有裁判自己。

所以我們要如何才知道裁判的評分標準？只有一個字：問！

有個簡單的方法可以有效的得到答案，並用力的提醒我們自己不要自以為是。

請拿出一張紙，畫出如以下的表格：

裁判類別：＿＿＿＿＿＿

裁判姓名：＿＿＿＿＿＿

・在和我有關的工作上，我認為他最在乎的三件事（依重要性排序）：	・在和我有關的工作上，他表示最在乎的三件事（依重要性排序）：
1. ＿＿＿＿＿＿＿＿＿	1. ＿＿＿＿＿＿＿＿＿
2. ＿＿＿＿＿＿＿＿＿	2. ＿＿＿＿＿＿＿＿＿
3. ＿＿＿＿＿＿＿＿＿	3. ＿＿＿＿＿＿＿＿＿

　　左邊是你原先的猜測，請在問對方之前先寫好。右邊是問完之後，所得到的對方真正的想法。比對時，除了項目正確之外，順序也很重要。這樣我們才能在無法完全如他們的意時，知道如何取捨。

　　希望你三題的項目內容順序都答對了。如果沒有，別難過。在我的經驗裡，這麼了解裁判的人，本來就是人間極品，為數不多。

　　如果裁判的評分標準彼此衝突的話怎麼辦？

　　裁判的評分標準有衝突，不是例外，而是必然。客戶希望價格再低點，主管要求你守住底線，兩難！部屬表示再壓縮產品開發時程的話，他會妻離子散，但這同時客戶對你說，如果按照原先預估的結案時間，他絕對不付錢。這樣糾結的情節，在組織裡天天上演。

　　處理裁判評分標準的衝突，是工作中最難卻也最有價

值的一部份。所有的經理人窮畢生之力都在拿捏其中分寸。這事的功力沒有止境，只有更好，沒有最好。也沒有放諸四海皆準的公式可以套用。

用心體會角色兩大心法

雖然沒有速成的招數，但如果能體會兩個和本章主題「角色」有關的心法，功力也大進了：

心法一：管理是處理對與對的衝突，而不是對與錯的衝突

甲說 A 產品線很賺錢，毛利率是 15%。乙反對，說毛利率其實是 -5%，在賠錢。兩人因此大吵一架。這是對與錯的衝突，因為真相只有一個。處理這種事其實不算管理，真正需要的是找個懂會計的人把帳弄清楚。

甲乙都同意 A 產品線的毛利率只有 2%。甲認為應該收掉，因為利潤太低；乙認為雖然利潤低，但留住這條產品線可以滿足某些客戶一次購足的需求。這是對與對的衝突，因為答案會隨策略與價值觀而不同。這才是管理。

換個說法，對與錯的衝突容易解決，價值不高。想拿高薪，就要能處理對與對的衝突。

心法二：管理的核心是平衡

基本幾何學：周長一樣的各種三角形中，以正三角形面積最大。CEO+S 撐起的三角形要穩定，三個邊也不能差太多。片面討好任何一方，金字塔都會崩壞。只有平衡，

才能長久。

　　比賽前，先搞清楚規則。人生最大的悲劇不是沒做事，而是做了還被嫌。

4

……

按照規則比賽，
違反規則思考

正確的與規則相處，並讓規則為我們所用

人生是你的，做自己的選擇

循序漸進，別偷吃步

正確的與規則相處，並讓規則為我們所用

培訓課堂中，一名年輕的學員私下找我，說目前工作的公司待遇、前景都不錯，但要遵守的有形無形、有理沒理的規定很多，束手縛腳，做得很不開心，問我有什麼建議？

他的心情我能體會。

從小老師教我們要獨立思考，挑戰成規，不隨別人起舞。翻開偉人傳記，書中的主人翁也都是因為敢於突破舊有框架，才能創新發明，成功立業。

可是離開學校進入公司後，發現自己表現的好壞都是「別人說了算，半點不由己」。其中當然直屬主管的看法是

最關鍵的，但除此之外，其他部門的同事、你經手的客戶，還有親疏不一的一干人等，用口水也可以把你淹死。

怎麼會這樣呢？難道所謂的獨立思考終究不敵隨眾起舞？這個心結過不了，「主管昏庸」「懷才不遇」之類的萬般愁緒盡上心頭，然後就開始憤世嫉俗了。

這事其實不難解。老師教的是對的，組織績效考核的邏輯也沒錯。解答只在以下這句話：按照規則比賽，違反規則思考。

這是自由社會，是我們自己選擇加入一家公司。歡喜甘願，沒有勉強。公司的運作規則在你加入之前早已行之有年。如果我們一進公司就要別人配合我們演出，世上絕無這種道理。所以在組織裡，想存活進而出頭，別無選擇，只有照規則比賽。至少是「先」照規則比賽。

但如果大家通通照單全收，不花大腦的遵守規則，就會有兩個問題：

「蕭規曹隨」行得通，是因為蕭何與曹參兩人面對的外在環境基本相同。當環境改變，組織卻仍死守一套規則而沒人敢挑戰，組織就開始老化並進而衰亡。

人家是前輩，規則摸得爛熟。後生晚輩想要在這個規則下出頭，很難。除非您也願意參加健康比賽，大家拚年資，否則這個局不利於像讀者您這樣積極向上的後起之秀。

循序漸進五步驟

所以獨立思考不是白說的，只是要用對時機，用對方法。如何正確的與規則相處，並讓規則為我們所用，具體

來說分為以下幾個步驟：

- 按照規則比賽
- 深入了解規則
- 違反規則思考
- 提出改變規則的建議，如果有的話
- 人生是你的，做自己的選擇

步驟一：按照規則比賽

意思很清楚，應該不用多解釋。總而言之，剛進公司的人，先照著規矩玩就是了。別問東問西，廢話一堆。

步驟二：深入了解規則

深入了解，指的是不只要弄清楚組織裡制度與流程的意思，還要進一步思索這些規定背後的真正用意是什麼？

很多人聽到規定，就直接想到僵化、官僚。但另一個觀點是，所謂的規定、程序之類的，就是前人經驗的具體化。換句話說，前人遇過一樣的事，而且不只一次。次數多了之後，就摸索出一個當時認為最好的做法。然後透過組織的力量要求後人比照辦理，目的是希望提高組織的效率。

還有一個比較黑暗的說法是，不會有人沒事找自己麻煩，必定有某些人因此得到某些利益，規定才會產生並存續。所以所謂深入了解規則，就是搞清楚規則保護了什麼

人的什麼利益。

組織規則除了有形的制度與流程之外，還有無形的所謂「潛規則」。對付潛規則，有時難在不易察覺。但只要知道了，處理的方式都一樣。

潛規則再往下談，就會牽扯到辦公室治政了。這方面不是這本書的主軸，但我們在後面的篇幅會談到如何以適當的「角色」處理辦公室政治。

步驟三：違反規則思考

到這時候，老師教的獨立思考終於可以派上用場了。既然知道重點是了解規則保護了什麼人的什麼利益，那接下來就要問兩個很重要的問題：

如果不繼續保護這些人的這些利益，會發生什麼事？如果需要繼續保護的話，既有的規定是不是保護利益最好的方法？

從這兩個問題出發，我們開始有改變規則的資格。

步驟四：提出改變規則的建議，如果有的話

終於，我們出手了。我們提出希望組織改變規則的建議。然後，只有兩種結果，被接受或遭拒絕。

被接受的話，給你大大恭喜。出劍快準狠，見血封喉。果然是英雄出少年。

如果遭拒絕，也有三個原因：沒做對事，沒說對話，或者這組織和你八字不合。

沒做對事，表示你在步驟二和步驟三犯了錯。這沒關

係，任何事，即使沒有得到，也有學到。重點是經過這一回，我們又更了解組織的運作邏輯了。

沒說對話，表示可能你想法是對的，但說的時機和方法要調整。決定別人行為的，永遠不是你說的是什麼，而是別人認為的是什麼。兩者之間，可能是天與地的落差。這是溝通的能耐，我們後面的章節會談到。

如果確定事也對，說的也沒錯，但還是被拒絕呢？那這事比較嚴重一點，要有請第五步了。

步驟五：人生是你的，做自己的選擇

人生是你的，組織只是達成人生目的的平臺。那如果萬一發現組織不能幫助我們完成人生的目的呢？怎麼辦？我建議那就換個平臺吧！如果你可以的話。

你說，可是我現在上有高堂，下有妻小，左手是房貸，右手是車貸，實在瀟灑不起來，不敢換工作。果真如此，回到之前說過的，「你現在的工作，可能就是你所能有的最好選擇」。請對公司說聲謝謝，它沒欠你，你欠它的比較多。

也就是，留下來是你最好的選擇。別哀怨！好好按著既有規則玩下去吧！

以上步驟有一個很關鍵的重點，就是：循序漸進，別偷吃步。

有些人還不知道組織的規則，就想要讓別人依照他的規則。必死！

有些人還不了解規則背後的深意，就想要改變規則。

白目!

有些人只會行屍走肉般的照規則做事，最後被組織嫌說不用大腦、米蟲。含恨！

有些人明知是自己賴著公司，卻要裝資深扮委曲，三天兩頭罵一下公司。其實自己才最欠罵！

只有按順序走完這五個步驟，這才算開始進入組織運作的殿堂。

有一句諺語說：「有些人的腳步和旁邊的人不同，是因為他聽到遠方的鼓聲。」這個腳步和別人不同的人，可能是愚笨，也可能是有大智慧。就看當他決定不遵守規則時，是白目的找死，還是深思熟慮後的結果。見山又是山，見水又是水，一樣的行徑，截然不同的境界啊！

5

「當責」的操作型定義

不是成果不重要，而是不能「只」看成果
管理要用「操作型定義」
不牽拖；承擔起改善行動的責任

是行為，而不是結果

為了達到「罵人的舒爽，被罵的有感」的罵人最高境界，這幾年來企業界流行用「當責」（accountable）取代「負責」（responsible）。不知不覺間，「當責」已經成為老闆提升罵人境界的必要詞彙了。說部屬：「你不負責任！」老梗，弱！說：「你怎麼都不當責！」新鮮，強！這表示老闆也是有在讀書的。

但是，究竟什麼叫當責？這兩個字雖然已經用到爛，但真正的意思卻好像浮雲在天，飄渺不定。

有些人把當責的意思解釋成：使命必達。用白話文來說，就是「保證成果」。但就如同智者說的，「你永遠不知道意外與明天的太陽哪一個先來」。世事難料，說實話，沒有任何一個凡人如你我者能保證成果，能保證成果的只有上帝。成果絕對很重要，但如果只管成果，用「成王敗

寇」的原則管理組織，會有以下負面的影響。但容我再強調一次，絕不是說成果不重要，而是不能「只」看成果。

● 爭功諉過：爭功諉過是人性，一點都不奇怪。重點是組織的文化及制度，是在鼓勵團隊合作，還是助長這種行為。只問成果的組織，通常咬自己人比對付外人還要狠。
● 急功近利：套句偉大經濟學家凱因斯的話，「長期，我們都死了」。只看成果的組織裡，沒有耐心含淚播種的人，只有看到收穫時撲身爭奪的人。
● 人才枯涸：急功近利的雙胞胎。培養人才是最花時間的，短期之內看不到成果，誰要做啊？

　　所以有效的管理應該將「當責」視為一種行為，而不是結果。換個說法，就是即使沒完成任務，仍然可以展現當責的風範。相反的，有人雖然達到目標，但那可能只是「颱風來了豬都會飛」的現象。當事人的行徑，說不定正違背當責的精神，完全不值得鼓勵。

　　為了說清楚當責這個觀念，我們必須稍微離題一下，談一個起源於自然科學，但我認為也非常適用於管理的觀念：操作型定義。

　　維基百科對操作型定義（operational definition）的定義是：將一些事物，如變數、術語與客體等以某種操作的方式表示出來。操作型定義與概念型定義相區別，強調確立事物特徵時所採納的流程、過程或測試與檢驗方式。

　　也就是，用操作型定義來定義一個觀念（比方質量）

時，不能說：物質的量，而要說明測量的方法。

還是不很了？沒關係！今天不談物理學。總而言之，運用在管理上，重點就是：解釋一個觀念時，最重要的是讓接受觀念的人，知道該做什麼事，該有什麼行為；而不是只有一堆形容詞。

比方說以下的例子，就不是一個操作型定義：

要你做這個專案，但你卻態度消極，工作潦草。有問題找你的時候，又總是藉口一堆，你這種不「當責」的態度，是公司絕不允許的。

被修理的人，雖然心情極端惡劣，但你問他現在知道該怎麼做了嗎？答案還是不知道。這就是非操作型定義的問題，「搞壞了情緒，卻沒有改變行為」。

別牽拖，負起改善之責

在以下的文字裡，我嘗試為「當責」下一個「操作型定義」。

當責的操作型定義：

● 不牽拖
● 承擔起改善行動的責任，如果結果與目標有落差的話

先說明第一條定義，不牽拖。

偉大的文學家張愛玲女士說，愛的相反不是恨，而是冷漠。讓我們「照樣造句」一下，關於「當責」我們可以說：當責的相反不是擺爛，而是牽拖。

因為擺爛比較好處理。擺爛多半罪行明顯，罪證確鑿。所以要不一開始事情就根本不會交給他，要不太過份就直接開除。痛苦但不棘手。比擺爛更討厭的是牽拖。事情沒完成，扯東拉西，全世界都有錯，就他沒錯。而這時災難已經造成，留下的爛尾巴，主管只好含淚自己默默收拾。

至於「承擔起改善行動的責任，如果結果與目標有落差的話」，則是「不牽拖」的積極進化版。只有不牽拖是不夠的，因為無作為的不牽拖，其實和「我錯了！那又怎樣？咬我啊！」意思沒有兩樣。唯有承擔起改善行動之責，才能使組織修正錯誤，繼續往前走。這句話的重點有兩個，一是肯承擔，二是有行動。

所以以後要用「當責」給別人指教時，別再亂撒形容詞了。抓兩個重點就夠了：別牽拖，還有負起改善之責。

最後再說點題外話。男人一樣都搞了外遇，有的人說：「我犯了全天下男人都會犯的錯！」這就是牽拖。天下其他男人何辜？要跟你一起下水。

但也有人說：「只要是我生的我都認！」這就比較接近當責了。一肩扛，不廢話，該如何就如何！至少是條漢子！

6

企業人的非戰之罪
「盡力」的操作型定義

問題，指的是「應當」與「實際」有落差

分析不用完美，但要完整

多說如果，少說但是

經理人的職責：在限制條下求最佳解

要問「我還能做什麼？」

項羽一世英雄，但最廣為人知的可能是那句「天亡我，非戰之罪也」。

績效好壞，有時的確是外部不可控制的因素決定。「天要下雨，娘要嫁人」，無可奈何。但企業人的思考不能只在「這都是因為什麼、什麼的問題！」上就停住，而要接著問：「所以針對這個情況，我還能做什麼？」，然後「盡力」去解決。

「我盡力去做！」這句話在企業裡早已說到爛了，有時根本就是空話。但我認為企業人所謂的「盡力」，也有明確具體的「操作型定義」。

「盡力」，應該包含以下幾個行為：

● 定義問題
● 分析原因
● 爭取資源
● 發揮創意

以下分別說明這四種行為。

定義問題

「公司品質愈來愈差！」這只是抱怨，不是可處理的問題。

所謂的問題，指的是「應當」與「實際」有了落差。比方說如果老婆覺得老公最近都晚上十點多才回家，很有問題。這就表示她認為老公應該幾點回家（比方是晚上七點），但實際上卻十點才回家，兩者有了落差，所以認為有問題。另一方面，如果原本該晚上七點才回家的老公，最近卻總是下午三點就回到家，那問題可能更大（比方可能失業了！）。

所以當提出一個問題時，必須先自我檢驗兩件事：

一、問題的「應當」是什麼？

如果要說產品品質有問題，那就要先問產品的品質如何衡量？還有品質的標準是什麼？比方說我們用退貨率來衡量品質，而且因為業界的一般退貨水準是 0.1%，所以

我們就可以用退貨率低於0.1%來當作品質的標準。

二、問題的「實際」是什麼？

客戶打電話來罵品質差，我們就一字不動、原文照轉給公司，跟著罵品質差，這樣就太混了。公司產品的退貨率究竟是多少？資料來源是什麼？資料統計時間是從何時到何時？這些都要交代清楚。

用具體的資料、數字說清楚品質應該如何，實際上又是如何，這才是定義問題。

分析原因

提出造成問題原因的說明。分析不用完美，但要完整。所謂的完整，就是現有的資訊下，所能做的最好判斷。

爭取資源

企業人的悲情是巧婦難為無米之炊。沒有資源是最可被接受的非戰之罪。基本上這樣的態度不算錯，但境界還是低了。

在爭取資源時，一個基本的態度是「多說如果，少說但是」。

先透過內外充份的溝通，了解資源的配置現況。如果現有資源不足，再以「明確的問題」及「合理的分析」為基礎，請求更高階的主管協助。再視主管的回應，決定下一步的行動。

發揮創意

經理人的職責是在限制條下求最佳解。平庸的經理看到的是「限制條件」，傑出的經理人看到的是「最佳解」。資源有限，創意無窮，這才更突顯經理人的價值。

做完以上的四件事，我想可以算盡到經理人的責任了。至於最後結果，那就交給上帝吧！

人生的成敗，總有非戰之罪的時候！

7

彼德・杜拉克大戰
二十五史

君王政治近似封閉系統，但企業是開放系統
君王政治沒有明確的績效指標，但企業有
開放系統人才可以自由進出，
封閉系統績效是遭妒的前提

封閉系統 vs. 開放系統

一般的管理理論，都強調經理人要創造組織績效，引領變革。但常常在培訓的課堂上，我面臨彼德・杜拉克大戰二十五史的情況。

「老師，鳥盡弓藏，狡兔死，走狗烹啦！你看商鞅不給五馬分屍了？工作，還是多拍老闆馬屁，少出頭、少出錯比較實在。」

「老師，搞變革的沒一個有好下場，而且都是人亡政息。王安石、張居正、戊戌六君子，隨便數就是一堆。」

我受的訓練及工作經驗，主要都是歐美的企業管理觀念。以彼德・杜拉克為代表人物的這個體系，強調目標、

績效、開放的溝通。但在浩瀚的二十五史中，隨便一翻，信手拈來就是反面教材。如何看待這樣的矛盾呢？

我認為有兩個最根本的差別：

- 君王政治近似封閉系統，但企業是開放系統
- 君王政治沒有明確的績效指標，但看皇帝一己的好惡，但企業有

商鞅大刀闊斧改革，雖提升秦國的國力，卻得罪一堆既得利益的皇親貴族。那時的中國雖然還沒統一，但以當時的情況，其他國家他既去不了，也沒人敢收他。靠山秦孝公死了後，他要不謀反，要不就只有等死。

我不是史學家，不敢妄言張居正的功過，但和商鞅一樣的故事又來了。他本事再大，除非造反，就只能在朱家訂下的家規裡玩。而造反，勝算實在很低，想想還是算了。他運氣好，善終；但子孫倒楣。

如果移轉時空，商鞅和張居正的身份是現代大企業的CEO，以他們的表現，即使和接班的小老闆處不來，會發生什麼事？

簡單，就是跳槽！說不定待遇福利還翻兩翻。但在那個封閉的王朝系統，就只能和當權者往死裡鬥。不是你死，就是我亡。

如果張居正和商鞅是CEO，他們的功過也不會太難論斷。雖說我們都同意企業的利潤、股價不代表全部，但也都同意利潤、股價絕對是最重要的績效指標之一。有將

企業轉虧為盈的紀錄在手，跳槽何難之有？

客戶比皇帝可愛得多

　　因為企業是處在開放環境，所以沒有一家公司敢認為能自外於環境而永續生存。公司倒了，即使在組織內鬥贏也是一場誤會。甚至有些產業，即使打垮競爭對手，下場一樣淒涼，因為整個產業都不見了。所以在企業界，內部鬥爭的效益遠低於宮廷那樣的封閉系統。

　　企業最重要的事，還是贏得客戶的心。比起皇帝，客戶有幾點可愛得多：

● 客戶也活在一個開放系統，不是他們說了算
● 我們可以選擇客戶的類型
● 客戶通常是作複數型，可以選；而皇帝永遠是單數，沒得選

　　在開放系統裡，人才可以自由進出。之前的績效是證書，現在的能力是籌碼。換成在封閉系統，績效是遭妒的前提，能力是反叛的條件。有人就有政治，組織的政治問題永遠需要妥善處理，但開放系統裡，這問題不會窒息，也不至於致命。

　　彼德‧杜拉克的確會吃鱉，如果他的公司叫明朝，老闆叫朱元璋。但如果我們是在開放系統的企業工作，又有明確的績效指標。帝王將相那套，就要適可而止了。

　　前一陣子，電視連續劇《後宮甄嬛傳》大紅。劇中後

宮的鬥爭招數被奉為辦公室政治的經典教材，甚至有人慎重其事的寫起專書，教人如何從甄嬛傳談管理，學策略。

我個人的看法是，《甄嬛傳》有些情節，企業人的確可以好好體會一下。但是如果要當成在組織存活的救命藥，則強烈建議服用前請詳細閱讀說明書，把適用症狀弄清楚，否則副作用和後遺症都很要命。畢竟一身真功夫，還是行走江湖最可靠的保障。

至於辦公室政治，我們就在下一章聊聊吧！

8

關於辦公室政治
——兼談好主管與壞主管

權力是稀少資源，政治是分配這稀少資源的方法與系統

辦公室政治會不會傷人，看你自己長不長眼

「好公司的壞主管」與「壞公司的好主管」，你選哪一個？

政治是分配權力的方法與系統

一個很不熟的朋友的朋友打電話給我。

報了名字及解釋如何輾轉得到我的手機號碼後，他直接說明來意。他說想應徵我工作過的一家公司，但又聽說那公司政治問題很嚴重，想問我的看法。他聲音聽起來應該還年輕。

「你對政治問題的定義是什麼？」我問。

「應該就是主管會考慮和他關係好不好，而不是考慮表現好不好。」他遲疑了一下，有些勉強的說。

「如果以這樣的定義，我覺得這家公司的問題並不嚴重。不過話說回來，我還沒有聽過在哪家公司工作和主管搞好關係不重要的。」我回答。

「喔！我知道了」他好像不太滿意，但也不知道該再問什麼了，匆匆掛上電話。

說實話，要不是他電話掛得太快，要不是他提到我過去的職位時沒做好功課，把我降了級，從副總變成副理，讓我心中有一些些不爽的話（好吧！我肚量小，我承認），我其實可以和這年輕人好好聊聊什麼是「政治」的。

有人就有權力，權力是稀少資源，需要好好分配，而政治就是分配這稀少資源的方法與系統。組織的運作未必合乎普世的價值標準，更未必合你的意。但組織的運作必然有邏輯，而且，這個邏輯很穩定，不太會改變。還有，各種類型的組織，不管外表看來差異有多大，但其實內部的邏輯令人驚訝的相似。本書全書的重點，其實談的就是組織的運作邏輯（意思就是建議你好好讀這本書就對了。這樣算置入性行銷嗎？）。

對於辦公室政治，我只有一個建議。就是你可以不喜歡，可以不參加，但不可以不了解這個人類組織的必然現象。了解之後，要玩不玩，那是每個人的選擇。更重要的是，每個人一定都有選擇。因為，就像我們在前一章〈彼德‧杜拉克大戰二十五史〉中談過的，企業是個開放系統，來去本來就自由。

所以，究竟這個年輕人該不該去應徵我以前公司的工作呢？說個故事吧！

會不會傷人，看你自己長不長眼

有人看上一個社區裡的一戶房子，但擔心鄰居不好相

處，就先去問里長：「請問某某社區的人好不好相處？」

有智慧的里長沒直接回答，反問他：「那你現在住的地方鄰居好不好相處？」

這人說：「很好啊！」

里長回答：「那這社區的人也都很好相處。」

這人就買下房子，搬進來住。從此過著幸福快樂的生活。

又有一個人，同樣看上同社區的一戶房子，同樣擔心鄰居不好相處，一樣跑去找里長：「請問某某社區的人好不好相處？」

有智慧的里長一樣沒直接回答，反問他：「那你現在住的地方鄰居好不好相處？」

這人說：「我現在的鄰居都很沒水準，又討人厭！」

里長回答：「嗯！那這社區的人都很不好相處！」

這人就房子不買了，繼續留在原來的住處天天和鄰居吵架。

我的意思大家應該都明白吧！鄰居的好壞，當然不全然是境隨心轉，但自己的修為，的確是決定關係的重要因素。同樣的，辦公室政治會不會傷人，其實就像鄰居好不好相處一樣，有相當大的成份還是看你自己長不長眼。

好公司的壞主管vs.壞公司的好主管

最後，再來談一個常和辦公室政治放在一起討論的問題，就是主管的好壞。

我們都希望遇到「好公司的好主管」，也會毅然決然

離開「壞公司的壞主管」。但如果「好公司的壞主管」與「壞公司的好主管」只能二選一，你選哪一個？

我不知道你的答案是什麼？但我會建議你選「好公司的壞主管」。為什麼寧願選「好公司的壞主管」，而不選「壞公司的好主管」呢？

在企業這樣的開放系統裡，好主管離開壞公司是早晚的事。所以除非你有把握到時候他會帶著你走，否則人去樓空，你守的只是一個空殼子。

至於壞主管為什麼能在好公司裡待下來？原因只有兩個：一是東窗還未事發，二是短期之內公司有不得不用他的苦衷。比方說有些客戶還掌握在他手上，或是他有獨特的技術能力。但紙包不住火，他擁有的這些價值也不會永遠不可取代，所以在一家好公司裡，壞主管的惡劣行徑，遲早都會被處理。說得八股一點，就是「不是不報，時候未到」。

所以，如果你判斷這是一家好公司，卻不幸碰上壞主管，那就先忍一下，跟他拚誰的氣長吧！

9

「FYI」表示你應該被略過
「窗口」的意思是借過

經常使用的語言反映經常性的思考模式

別當 FYI 的員工，FYI 就表示你應該被略過

別只當「窗口」，窗口的價值只是借過

語言反映思考。經常使用的語言，反映經常性的思考模式。

以下我們來談兩個在企業界經常使用，我卻覺得背後意義值得玩味的用詞：FYI 和窗口。

先談 FYI。

東西給你了，你自己看著辦吧！

多數在企業裡行走的人，都知道 FYI 是「For Your Information」的縮寫，字面上的意思是「給你當資訊」。FYI 有時變形成為「FYR，For Your Reference」，字義是「給你參考」。但不管是 FYI 還是 FYR，其實背後真正的白話文都是：

「這東西對你可能有用，也可能沒用。你有什麼想法，

打算怎麼弄我不知道。不過反正東西給你了，你自己看著辦吧！我不管啦！」

FYI的信，不外乎來自兩種情況：

● 提出一個問題給收件人，但沒有具體的建議
● 丟出一項資料給收件人，但沒有明確的結論

不管是哪一種情況，都不是有價值的員工該做的事。

所以，下次像反射動作一樣要寫FYI就把信送出去時，請稍忍耐一下。去掉FYI，考慮改成以下的句型：

附件是關於……的分析報告。報告的重點有三點。分別是：

……

……

……

基於以上分析結果，我建議……

別當FYI的員工，FYI就表示你應該被略過。因為當寫下FYI時，我們可能已經成為這分秒必爭的商業溝通中，一個既耽誤時間又不美麗的錯誤。

再來談「窗口」。

窗口的價值只是「借過」而已

工作時常聽到工作夥伴自稱：「我是……的窗口」。這是非常口語的說法，也許我不該雞蛋裡挑骨頭。但藉「窗口」的字義，可以聊聊什麼叫做「職位」以及大家更在乎

的，職位的「待遇」。

職位是價值鏈的一環。上個環節會對職位輸入「投入」，職位也會產生「產出」。投入和產出的，也許是資訊，也許是實體的物質，通常兩者都有。產出和投入，放在市場上，都各自有一個市價。產出減投入，得到價值差。價值差的大小，決定職位價值的高低。

接下來，價值差的某個比率，會依市場行情轉換成職位的「待遇」，回報給創造價值的人，也就是這個職位的工作者。以上這就是企業運作的基本模型。

所以，除了自許為「窗口」之外，建議多想想幾個問題：

● 我的職位，投入是什麼？
● 我的職位，產出是什麼？
● 我可以怎麼做，擴大產出與投入間的價值差？

以上三個問題問完了，才有權利問第四個收關口袋的問題：公司給的待遇，與我創造的價值差，符不符合市場行情？

最後是決定採取什麼行動了：要求加薪？按兵不動？或是另謀高就？

如果只當「窗口」，就別嘆薪水低吧！窗口的價值只是「借過」而已。而借過之後，大家通常沒付錢。

10

沒有「受援力」，
你就是組織裡的下流老人

受援力：妥善運用支援者的力量，藉以重新打造原有生活
可以開外掛的時候，就不要自己練

今天要講一個有一種能力，看起來很弱，其實很強的
故事。

看起來很弱其實很強的能力

這是「力」們橫行的時代。企管大師叫你要有執行力、
變革力。爸媽教小孩要有生存力、適應力。老闆希望你有
即戰力、還有救援力。這些力都非常好，但是本文要談的
是最常被忽略卻非常重要的一種能力，叫做「受援力」，
也就是接受救援的能力。

這個觀念是從前一陣子被討論很多的一本書，日本作
家織田孝典的《下流老人》(中譯本如果出版) 所得到的啟
發。

我們先說什麼是下流老人。按書中作者的說法，所謂
的下流老人就是：過著，以及有可能過著，相當於「生活

保護」基準之生活的高齡者。生活保護是日本社會福利制度的一個名詞。有興趣的話，細節請各位自己Google。總而言之，差不多就是臺灣的低收入戶的意思。

但一樣是下流老人，境遇還是有高低之分。換個講法，就是沒有最下流，只有更下流。作者發現下流中的下流的族群，都有一個共同的特點：缺乏受援力。也就是，即使人家想幫你也無從幫起。這些人的共同點是：緊閉內心，自暴自棄，負面思考。像這樣無從幫起的人，際遇當然是慘不忍睹了。

受援力高的老人，有些甚至被作者稱之為「幸福的下流老人」。每個人對幸福的定義不同，但下流還能幸福，這的確讓我意外。

作者對受援力的定義是：接受支援的一方，妥善運用支援者的力量，藉以重新打造原有生活的能力。

高受援力的特徵

接著作者整理出幾個高受援力老人的特徵：

- 樂於交談
- 願意自己積極的解決問題
- 抱著輕鬆的心情接受輔導，讓幫助者可以在問題複雜化之前給予協助
- 正面思考
- 了解自己的問題
- 對援助的方法和制度有某種程度的認識

我們再把視角切換到企業。大家都知道，在公司出包不是最慘的，最慘的是出了包，需要支援的時候，萬人按讚，無人到場，一切只能自己吞自己扛。那些受援力不佳的人，一旦出事，就只能不停的向下沉淪了。

如何強化受援力

那要如何才能夠強化我們的受援力呢？從我自己的經驗，參照織田孝典對高受援力老人的觀察，我整理出以下幾個觀點，也許可以參考。

1. 神奇的三隻手：握手、舉手、拍手

受援力高的人平常就願意多認識人（握手），遇到問題的時候會主動提出來（舉手），當別人幫助我們解決問題之後，願意誠懇的感謝，並且讚賞對方的能力（拍手）。

以上符合高受援力下流老人「樂於交談」「願意自己積極解決問題」「抱著輕鬆的心情接受輔導，讓幫助者可以在問題複雜化之前給予協助」的特質。

2. 用「Yes, And」取代「No, But」

你的身邊也許也有這樣的人。對這些人而言，人生最快樂的事情就是在別人的意見裡找到缺點，在別人的表現裡找到不完美。不管別人提議什麼，他們的反應總是「沒辦法啦！我也不是不願意，但是……」，這就是所謂的「No, But」心態。

相反的，高受援力的人，對於別人的提案，總是先說

「是的」，然後再以這個方案為基礎，加上自己的看法，讓方案逐步成為更符合他自己的解方。這就是所謂的「Yes, And」心態。

以上符合高受援力下流老人，「正面思考」的特質。

3. 放下靠自己練功升級才是真英雄的自尊

受援力高的人知道，把事情做好，比是不是由自己完成的重要得多。用遊戲的術語來說，就是可以開外掛的時候，就不要自己練，除非你是為了提升人生的境界。

高受援力的人，隨時檢視周遭可用的資源，並嘗試整合資源的機會。絕對不會有所謂的「非我所創」症候群（Not Invented Here Syndrome）

4. 黑箱沒關係，介面清楚就好

受援力高的人能夠接受不完整的解決方案，對人對事也不要求完全的清楚明白。但他們會搞清楚別人希望怎麼合作，也把自己希望如何「被合作」講得非常清楚。

人類經濟發展到現在，其實很多複雜的能力或技術，如果真的要每一個都去深究弄到明白，幾輩子的時間都不夠。所以模組化成為人類協作的重要機制。

模組化的重點就是，我雖然不知道模組裡面究竟發生了什麼事，但是只要我知道什麼樣的投入會有什麼樣的產出，而且這樣的投入產出關係是穩定可靠的，就是一個可被信賴的好模組。

受援力高的人，就是一個好模組。

以上第3點和第4點，符合高受援力下流老人，「了解自己的問題」「對援助的方法和制度有某種程度的認識」的特質。

　　滾滾長江東逝水，浪花淘盡英雄。在這潮來潮往的變局中，你準備好接受援助的能力了嗎？

11

置之死地而後生

好好想過死，才知道怎樣好好活

你會是主管要留的那個人嗎？

問主管的三原則：主動、經常、時機

好好想過死，才知道怎樣好好活

人生有時要置之死地而後生，在企業內工作也是如此。

「雖然肉體的死亡會使我們毀滅，可是對死亡的觀念卻可以拯救我們。」這是存在主義心理治療大師，歐文‧亞隆（Irvin D. Yalom）所提出來，心理治療上很重要的一個觀念。當意識轉移到生命即將終結之際，生命中的孰輕孰重，會格外清晰。連帶的，對當下的生活，也會有更深刻的覺察。

放到企業的環境，我們可以輕鬆點，不談生死。但類似的觀點一樣管用。想想自己每天在公司高速運轉，忙進忙出，儼然是號重要人物。但這一切如果放到一個終極的情境來思考，又會是如何呢？

請試想以下兩個問題：

問題一：因為景氣大蕭條，公司要求你的主管將部門裁員
　　　　到只剩一人，你會是他要留的那個人嗎？
問題二：主管會用什麼標準，決定要留誰？

　　孔子說：「不知生，焉知死？」在這事情上，我是不同意他老人家的。我倒覺得，「好好想過死，才知道怎樣好好活」。同樣的，想過在組織的最後大限，才更明白每天的勞心費力，所為何來。

　　用力想過上面這兩個問題，會讓我們每天眼睛一睜開就上工的反射動作，多一點理論高度與哲學基礎。

你會是最能幫主管存活下去的人嗎？

　　先說第一個問題，你會是主管要留的那個人嗎？如果是的話，恭喜你！我們在你的身上看到祥龍獻瑞，有鳳來儀，前途燦爛到不可逼視。只是要確定，這不是自我感覺良好。說不定，坐在你週遭的那一打同事，也都覺得會是唯一被留下來的那隻。

　　至於「主管會用什麼標準，決定要留誰？」這個問題，我問過很多人。有人說能力最強的，有人說關係最好的，有人說聽話的。這些都不算錯，但如果要挑一個最簡潔有力，有代表性的，我會選：

　　最能幫他存活下去的。

　　功高能震主，能力強的人主管未必敢留。至於關係好、聽話，在太平時期對主管而言有娛樂效果，但大難來時就不能當飯吃了。「最能幫他存活下去的」是一個綜合

指標，表示你對主管的價值。而且這個價值攸關生死，無法取代。

如果說到這裡就打住，就是不負責任了。因為你一定要接著問，那我又要如何才能有幫老闆存活下去的能力？這個問題的答案，其實我們在之前的〈先弄清楚誰是裁判以及裁判的評分標準，再準備比賽〉已經談過，這裡再提醒一次吧！

「問」清楚老闆最在乎的三件事

重點就是你做的事，是不是老闆要的？具體來說，也就是弄清楚老闆最在乎的三件事是什麼？至於弄清楚的方法，之前也說過了，就是「問」。

「問」有問的技巧。關於問的技巧，我們談三件事：主動、經常、時機。

主動： 有人說：「可是主管都不說他要什麼，我怎麼會知道？」叫山來山不來，你就自己向山走去吧！績效是你的，人生也是你的。績效不好，老闆嫌棄你，倒楣的是你自己，不是老闆。

經常： 老闆的心思像月亮，初一十五不一樣。今天重視的事，不表示明天還在乎。昨天說沒關係，下星期可能就很要命。所以三不五時，要去探探主管的心意。

時機： 公事公辦最難辦。和主管之間如果只有工作上的交集，太單薄。所以問的時候，除了遣詞用句要用心之外，時機也要掌握。有時非正式的場合，效果反

而好。我不是建議大家一定要下班後陪老闆去喝酒。喝酒這種花錢花時間還傷身的事，見仁見智啦！但有件事你一定可以做，就是和老闆一起吃中飯。和老闆吃中飯，既不會顯得太慎重，也不多花時間（飯總是要吃的），更好的是，說不定老闆會買單。

如果能培養主管和你吃中飯的習慣，你在他心中就有一定的地位了。是的，沒錯，我說的是「培養老闆的習慣」。老闆是需要被訓練的。有一位曾和我合作愉快的部屬，他常說的一句話就是，「老闆，這個月你還沒和我吃飯喔！」說得好像是我欠他的！而我也總是留出時間，欣然赴約。

這一篇該結束了。結束前還有一個問題，一個重要的問題。我費盡心思希望在主管心中建立不可取代的重要地位，但是，這個主管靠得住嗎？沙灘上的城堡終究是一場空。會不會到最後，當風暴來臨時，連我老闆這根木頭也沉了？

這問題，我們下一篇再聊吧！

12

和珅的心思在太后上：
向上兩層的思考角度

要升官，最有效又皆大歡喜的方式是幫主管升官

支撐「角色」的骨架，是自己的價值觀、

人生哲學

老闆的老闆用什麼標準打老闆的考績

問一個直接的問題。如果你現在官拜副理，一心想升
上去當經理，請問你該用誰的角度思考事情？來回答一下
這題選擇題吧！

1. 副理（就是你自己啦！）
2. 經理（你直屬主管）
3. 協理（主管的再上一級主管）
4. 副總（主管的上兩級主管）

我不知道你選哪一個答案。但是我希望你選的是「協
理」。為什麼是協理？我先繞個彎，說個歷史故事，聽完

故事你應該就懂我的意思了。但是有言在先，這個故事來自稗官野史，據我判斷九成是虛構。但反正我們只求內容有所啟發，就不去講究歷史的真相了。

話說乾隆年間，有一天乾隆皇帝宣他最貼心的愛卿和珅進宮。乾隆告訴和珅太后的八十大壽快到了，要和珅去準備一顆世上最大的夜明珠做為壽禮。

和珅這機靈成精的奴才當然立著手去辦。但如果只是遵旨照辦，就小看和珅的境界了。這和珅心思一轉，轉到了太后的身上。和珅平時在太后的身上力氣時間沒少花，當然也能準確掌握太后的心意。依他的了解，太后對什麼夜明珠不夜明珠的倒是還好，但他想起前些日子太后曾隱約的表示希望換個更好的居家環境。

於是他第二天再次晉見乾隆時，就說：「皇上，奴才以為夜明珠是一定要的。但如果能替太后蓋個萬壽樓，那就更能討她老人家的歡心了。」蓋萬壽樓要花多大一筆銀子啊！但重點是，乾隆根本沒把錢放在心上。這一聽言之成理，就放手讓和珅去蓋萬壽樓了。而依官場規矩，重大工程建設的油水，絕對比那一顆小小的夜明珠多得多。

有原則的玩、有原則的不玩

這個故事給我們的啟示是：乾隆的考績是太后打的。所以只搞懂老闆的心思絕對不夠，還要搞懂老闆的老闆是用什麼標準打老闆的考績。

絕大多數的人做決定時都要考慮錢，乾隆就是可以不把錢當回事。所以弄清楚老闆的決策標準，比死命的替他

省錢更重要。

所以為什麼當副理時要用協理的角度想事情？因為副理要升官，就要想辦法把經理請走，空出位子。和經理對幹，太血腥，勝算也太低。皆大歡喜又有效的方法是幫助他升官。誰能讓經理升官？就是協理。思考協理要什麼？然後幫助經理在協理面前展現績效，這樣經理才能升官，你也才容易更上層樓。

那為什不用副總的角度想呢？其實能這樣很好。不過因為副總通常不管經理的考績，所以效果就比較迂迴間接了。不過我還是要說，如果多用高層主管的眼光思考，對自己的成長絕對大有助益。

總而言之，從自己職位的角度想事情是絕對不及格，甚至往上一層都還不夠，往上兩層，才算登堂入室。

最後要強調的是，拿和珅當例子，主要是因為這樣的情節比較生動、吸引人，而不是讚揚馬屁狗腿的文化。有一個主軸一直貫穿「角色」這個觀念，就是你一定要先了解別人的想法，弄清楚遊戲規則，然後再決定要不要玩，以及要怎麼玩。不玩不難，只需要一枚傻膽而已。難的是有原則的玩、有原則的不玩，以及有智慧的知所進退。

支撐企業人「角色」的真正骨架，是自己執守的價值觀，是人生哲學。

13

為什麼工作總是瑣碎
而老闆總是雜唸？

很多問題的根本都在定位

先想清楚：適不適合？能不能夠？

最重要的是問「驗收標準」

　　有粉絲頁的朋友提出一個問題。以下是問題和我的看法。希望能給大家一些啟發。

　　Q：有位朋友剛找到一份行政工作，目前仍在學習適應中，但主管性子急，交代的業務很龐雜、deadline 很短，且總是絮絮叨叨、指令不明確，她常覺得挫敗。對於她與主管的溝通，不知道您有哪些建議？謝謝！

　　A：我的看法：

　　從表面來看，這事情最簡單的看法是這主管爛，最簡單的解法是走人。可惜最簡單的答案常常不是最好的答案。

　　這事可以依先後順序從三個角度來談，分別是：定位、自覺，以及最後的處理。

定 位

很多問題的根本都在定位，而偏偏「行政工作」卻是比較難定位清楚的職位。企業裡，有些職位的職掌通常是「正面表列」，也就是這職位該做什麼事，會有份清單。但比較遺憾的是，「行政工作」通常比較接近負面表列，也就是「這些事你不用管，那些沒寫的你就都要管」。

我不知道這位粉絲頁的朋友做的所謂「行政工作」有沒有工作說明書，但以我的經驗，就算有也沒用。在企業工作，本來就常要做好些「份外」的事，行政工作更是如此。行政的宿命就是「業務很龐雜」，要先了解這個現實，再來才能決定如何處理。

自 覺

我有位女性朋友，天資聰穎，外型亮麗。從第一流大學外文系畢業後進入人人稱羨的一流外商擔任祕書。但工作起來卻痛苦不堪。因為此女本身極有見地，偏偏主管要她當乖乖牌，聽命行事。沒多久，她離職去讀兩年的國際貿易學程。畢業後從事國際業務工作，從此天地遼闊，展翅高飛。

再說我自己的例子。我大學讀機械系，但是個意外。我從小自認還算聰明，但上了大學後開始覺得機械的這些科目跟我很不熟。困知勉行才勉強拚個補考低空飛過。偏偏我的室友平常不太唸書，卻常是書卷獎（也就是全班第一名啦！），後來還拿到MIT的博士。說實話，當時我的

心情真的有受傷。直到我後來去唸MBA，又從事業務管理相關的工作小有成績，才又找回自信。

我們要承認，人真的各有資質。企鵝不是更努力就會飛；讓鴨子參加飛行比賽也不是好主意。

「常覺得挫敗」，不見得是主管的問題，也許有些人真的根本不適合擔任行政工作。

所以我的建議是什麼？如果覺得不適合行政工作，立刻拍桌走人？當然不是！兩件事要先想清楚：

● 適不適合？
● 能不能夠？

適不適合：以這個案例來說，就是這位主角到底適不適合從事行政工作。職位無所謂好不好，只有適不適合。嚴長壽先生的第一份工作，就是臺灣美國運通的「行政工作」，後來他成功發展的故事，大家都知道，不用我多說。

通常我會建議大家用三個問題來檢驗一份工作適不適合你：

● 我做哪三件事時最得心應手？
● 這份工作最常需要做的是哪三件事？
● 我在這份工作中，能做幾件我最得心應手的事？

前面兩個問題是為了第三個問題。如果最後一個問題的答案是三個，那這應該就是你的天命了，要堅持下去。

如果是零，那你真的要好好思考值不值得繼續奮鬥。如果是一或二，那就自己好好斟酌吧！

要特別說明的是第一個問題。請不要回答我最得心應手的三件事是：吃飯、睡覺、打電動。我說的是有「經濟產值」的三件事。當然，如果你能在吃飯、睡覺、打電動上面創造出經濟產值，那另當別論。

能不能夠：開車的人都知道，慢慢轉彎才不會翻車。改變很好，但成功的改變需要規畫、準備。你不要這份工作，不代表別的工作要你。所以如果真的認為行政工作不適合你，那接下去是要思考什麼是適合的？以及如何讓那個適合我的工作要我。然後按部就班的著手準備。沒有不合理的目標，只有不合理的時間。

上述兩個問題的難點，就在別人無法代你回答，只有自己明白。所以說重點在自覺。

處 理

定位與自覺是根本，這兩件事想清楚了，才好處理。目前我們看到這位粉絲頁朋友對她主管的描述是「性子急，交代的業務很龐雜、deadline 很短，且總是絮絮叨叨、指令不明確」。以上這句話，可以逐步解析如何處理如下：

性子急：性子急不是罪，換個角度叫積極進取。人都有個性。如果主管是急驚風而你是慢郎中，那要改變的是你不是他。

交代的業務很龐雜：也許是行政工作的宿命。請參考前面談過的「定位」。

deadline 很短：他也許不認為短。所以先問自己，所謂的「短」，是依什麼標準而言。標準有很多種，而其中最爛的是「我做不完」。「我做不完」可能是事實，卻是極弱的論點。比較好的說法可以是：

- **掌握狀況的語氣**：「我分析過這項工作，可以分成五個部份，而每個部份因為什麼樣的理由，各自需要多少時間。而現在到 deadline，只有多少時間。」意思一樣是做不完，卻是用心分析後的結論，感覺差很多。
- **多說如果，少說但是**：「如果您可以給我什麼條件，那我就可以在 deadline 之前完成。」你要的老闆不一定給得起，但你要得合理他卻沒有，不言而喻的就是他對不起你，該給你一條生路。「如果」後面都是方法，「但是」接著都是藉口。老闆最恨的就是藉口。

總是絮絮叨叨：「雜唸」最常見的原因就是不放心。婆婆媽媽為什麼要一而再再而三的唸？就是擔心孩子不把事情放在心上。讓老闆放心是門大學問，但基本款有兩個原則：

- **複述任務**：用自己的話把主管交代的任務說明給主管聽，並取求他的確認，證明你完全了解他的意思。
- **主動回報**：不管好的壞的。老闆最恨的事，除了藉口，就是 surprise。出事只要早通知，他是主管，本事大資源多，可能都有救。唯獨 surprise，特別是最後關頭的

surprise，會讓老闆看起來像白痴。大忌！

　　指令不明確：這的確主管常見的問題。我的顧問生涯裡，看過許多身居要職而依然語焉不詳的主管。處理這事只有一個辦法，就是「轉念」。「你叫山來山不來，你就往山走去」。指令不明確，最後倒楣的一定是你而不是主管，所以主管有權利指令不明確，但你有義務把事情弄清楚。

　　最重要的一個原則，就是問「驗收標準」。比方：主管說你把這份報告寫好，你不要急急忙忙的領旨跪安。你可以很客氣的問，那請問當這份報告俱備什麼內容時，你會認為它是好報告？

　　如何和主管好好相處是一輩子的功課，是修不完的學分。招數千變萬化，運用存乎一心。但無論如何，我認為「定位」與「自覺」是根本。至於「處理」的技巧，假以時日慢慢體會，總有開悟的時候。

14

主管是怎麼決定升遷的：
表現或能力？
公義或私利？

管理原則：因表現而加薪，因能力而升職

你老闆的工作目標是什麼？

升你官，對你老闆有什麼好處？

　　粉絲頁的朋友 Fin 留言問說，搞不懂主管到底是用什麼標準決定升遷的？怎麼有些人事安排實在讓人吞不下去？我們就來談談這個大家都很關心、也很值得探討的問題。

　　探討組織行為有兩個觀點：應然與實然。應然指的是「應該」怎樣做，對組織才會最好。實然是指「實際」上組織又是怎麼運作。兩個觀點都很重要，各自提供不同的視野。

應然：因表現而加薪，因能力而升職

　　績效管理的原則是：「因表現而加薪，因能力而升職」。

　　表現是完成某個任務後，為公司創造的「價值」。能

力則是指完成任務的過程中，所展現的「行為」。

所以，業績好的業務應該拿高額獎金，這是回報他貢獻的價值。但他不應該因此就當上業務主管，除非他已經證明具備擔任主管的能力。

同樣的，技術能力普通的研發工程師，分紅不該多。但他可能很適合擔任研發專案的負責人，因為專案負責人需要的能力不等同技術能力。

這個原則可以解釋很多組織升遷的現象。一位英明的主管，升官時升的不是在現在位子「表現」最好的人，而是升上去後有「能力」表現得最好的人。

但主管是不是都這麼理性呢？案情並不單純，讓我們看下去。

實然：公義與私利平衡

思考「主管怎麼決定升遷？」的第二個關鍵切入點，就是主管也是人（好，這是廢話！我承認！）。既然是人，那麼每個人加入組織就都是偶然，每個人離開組織也都是必然。這句話很露骨，卻也是普世不移的硬道理。組織與個人彼此都不是歸人，都只是過客。

每個人加入組織，為的都是共同創造出更大的利益，最後自己也分配到更大的利益。說得更直接一些，對個人而言，組織的績效目標只是完成個人人生目標的手段。

所以主管一定只顧自己的利益，不管公司死活？通常不會，雖然他可能很想。因為這樣搞，主管很快就要回家吃自己；因為這樣搞，在正常情況下，公司的更高階層會

懲罰他。如果公司放任不管，那麼市場會懲罰公司，最後公司要出局。

但個人也絕不會為公司的利益傷害自己的好處，因為這樣違反他加入組織的最根本動機。

所以組織中的個人做決策時，最重要的原則是平衡：公司與個人利益的平衡。

每個人平衡的定義不同，但可以確定的是組織中的每個決定，都是決策者當下認為最平衡的決定。升遷的決定也不例外。要搞清楚老闆是如何平衡做決策的是門大學問，一言難盡。但簡單來說，如果你想把握最佳升遷機會，要能回答以下四個問題：

- 你老闆的工作目標是什麼？
- 你老闆的老闆，用什麼指標衡量你老闆的績效？
- 你老闆希望自己在別人心中是什麼樣的人？
- 升你官，對你老闆有什麼好處？

聰明的你一定看得出來，前兩題問公義，後兩題問私利。

建立假設再觀察

你說，這四題太難，答不出來。你的心情我能體會，這四題真難答。但行走江湖有個基本生存法則：「你可以沒有真相，但不可以沒假設」。

你必須先假設你老闆對這四個問題的答案是什麼，然

後再小心驗證，逐步修正你的假設，以至最後你能八九不離十的知道真相是什麼。這事情其實非常科學的。發展自然科學理論的過程，不就是大膽假設，小心求證嗎？

所以接下來，如果你真的想升官的話，請現在就拿起一支筆，一張紙，寫下對這四個問題，目前你認為最可能的答案。

然後等你進公司時，開始驗證這四個答案。你說，怎麼驗證？有兩個方法：直接問及觀察。

直接問：如果你和老闆交情夠，就直接去問吧！你可以把責任推給我，就說是「網路上自有強人」指點的，以免老闆覺得你是不是忽然吃錯藥。這樣做老闆會不會高興呢？不保證萬無一失，但贏面很大。一般而言，如果老闆明理且交情夠，他會歡迎這樣率直的溝通。因為：(1) 這表示宣示效忠。這事的「潛臺詞」就是：「老闆，請你告訴我，我要如何才能為你所用？我好真心的！」(2) 老闆很省事，不用再對你費心拐彎抹角。

觀察：這事比較複雜，需要再開專章討論。但基本原則就是：沒有假設的觀察，只是觀光；沒有觀察的假設，只是假相。怎麼做以後再說，但只要養成「建立假設再觀察」的習慣，本身就是一大突破。

是老闆沒原則，還是你不懂他的原則

以上「公義與私利平衡」，談的就是用「實然」觀點，看組織的運作。

我們把「應然」「實然」都談完了。最後該歸納結論了。

你沒升官，可能是你有表現，但老闆不認為你有能力。這是從為公的角度。

你沒升官，可能是老闆找不到升你官對他的好處。這是從為私的角度。

你覺得老闆沒有原則，只是你不懂他的原則。請大膽建立假設，仔細修正假設，最後找出你老闆真正的原則。

15

躲不掉的，都是因果；
做得來的，就是功德

　　粉絲頁的朋友來信，細數老闆的不是如下，問該如何處理？

　　他說：「一件事情解釋了N次，但每次只要有人去問老闆同樣問題，他還是要來問我。所以工作中，必須不斷的重複解釋同樣的問題。

　　只要有人去解決問題，他就樂得輕鬆，根本不想管這些事。這讓人很困擾，因為有些跨部門的事，還是需要主管溝通。

　　我覺得我的老闆根本不把我的工作當一回事，覺得我的工作根本不重要。」

　　這位朋友對主管的描述，讓我想起日劇《庶務二課》中的課長。反正我就是死賴著三不原則：不管、不學、不走。「樹沒有皮，必死無疑；人不要臉，天下無敵」。來信的朋友覺得「我的老闆根本不把我的工作當一回事，覺得我的工作根本不重要」。事實的真相我不知道，但其實很有可能，這位主管也沒把自己的工作當一回事，也覺得自

己的工作不重要。

　　遇到這種對自己和對別人「存在感」都很薄弱的主管當然討厭。但換個角度想，這也是突顯自己價值的機會。

　　人生問題的答案，有實也有虛。實的是指知識技巧；虛的是指心態觀點。「生命中總會有連舒伯特都無言以對的時候」，所以有些問題，實問也只能虛答了，因為此時知識和技巧都不管用。

　　所以我的建議是，轉念吧！躲不掉的，都是因果；做得來的，就是功德。

　　老闆不扛事，部門績效應該不會好。但看來主管還能維持苟活的格局，這也算是本事。你改變不了他，但至少不要讓他壞了你的人生格調。「躲不掉的，都是因果」。

　　如果老闆出面做跨部門溝通效果是90分，自己出手只有60分，但老闆就是躲起來怎麼辦？那就想，有60分也很好了。而且說不定自己經過幾次磨練後，就進步到80分了。這也是一種境界的提升。所以，別強求，「做得來的，就是功德」。

16

「後魔球」時代，
管理者的價值在
處理「對」與「對」的衝突

在可預見的未來，機器還不會做一件事：價值觀的選擇
屬於「對」和「對」的決策，
其實才是管理者真正的挑戰跟價值的所在

本文要聊的是，在管理中判斷「對」與「對」的智慧。是的！你的眼睛沒有花，我寫的是判斷「對」與「對」，而不是判斷「對」與「錯」。然後要再附帶談一下，「後魔球」時代，為什麼紐約洋基隊找沒有當過教練的亞隆·布恩（Aaron Boone）當總教練。

你的工作容易被機器取代嗎？

往下走之前，我想先請問各位一個問題，一個非常嚴肅的問題。請問你覺得你現在做的工作，容易被機器取代嗎？如果五分代表很容易被取代，一分代表很不容易，請問你會打幾分呢？

好！不管你現在給的分數是幾分，真正重點在於，你

根據什麼標準來打這個分數？

答案可能有很多。但在這裡我想給一個我認為很關鍵的標準。

從各種的趨勢看來，機器在很多方面都會比人類的能力更強，而且是越來越強。AlphaGo圍棋下贏人類棋王只是開胃小菜，以後還有更多讓我們目瞪口呆、望塵莫及的事情會發生。但是目前機器勝出人類的能力，還是局限在有明確的對錯標準、明確輸贏的事情，比方像圍棋。圍棋雖然極為複雜，但是輸贏對錯非常明確。

而在可預見的未來，機器還不會做一件事，那就是價值觀的選擇。目前為止，機器是沒有價值觀的。好，說到這裡，我必須加一個註解，由於人工智慧的發展真的是日新月異，所以很久以後會發生什麼事我真的不敢說。但是我現在說的是，可預見的未來。

回到主題。既然在可預見的未來，機器還不會判斷是非，那麼這類事情就必須由人類來做。回到剛剛那個問大家的問題。如果你的工作牽涉到很多價值觀的取捨，那麼機器取代你工作的可能性就很低。但是如果你的工作不太需要做價值觀的選擇，換句話說，也就是你工作中決策，「對」和「錯」都是很明顯的，那麼機器取代你的工作的可能性就非常高。

舉兩個例子。

第一個例子是查帳的工作。將公司的財務狀況如實呈現給管理者和投資人，這是一件非常有價值的工作。但是如果從事財會相關工作的人員，他的工作內容是在判斷財

務資料的正確與否，那麼隨著財務資料的全面性電腦化，人在這類工作裡很快就會失去價值，因為電腦絕對比人類做得快得多，正確得多。但是如果在財務資訊正確與否以外，還要做出資金調度的決策，那這就會牽涉到價值觀，還有策略的選擇，而這些事情目前機器還不會做。

管理者的工作常常必須在不同的利害關係人裡面取得平衡。但是究竟怎樣叫做平衡，或者有些時候是不是要故意失衡，這就也牽涉到價值觀。這種決策基本上都沒有絕對的對或錯，相反的，它其實是一種對跟對的選擇。而這種選擇就正是管理者的價值所在。

再舉個可能發生在辦公室的例子。你是一個部門的主管，有一天早上你一進辦公室，立刻有女同事跟你投訴，說昨天晚上加班的時候另一名男同事性騷擾她。剛好你們公司辦公室裡裝有監視錄影機，檔案調出來一看，罪證確鑿。這種事討厭，噁心，但是很好處理。因為這是明顯的對錯的決策。這名男同事該送法辦就送法辦，該開除就開除，去做就是了。

但另一種情況是，你部門裡面有一男一女兩位同仁，男生認真追求女生，女生卻是把男生當成工具人。許多原本這個女生該做的事，現在都推給男生做了。但是男生做得心甘情願，無怨無悔，兩個人的績效也都很好，那麼作為主管的你，又該如何處理呢？這種情況之下，就有很多不同的做法了。每一個可能都對，但是可能也都有人不同意。

像這一種沒有明確的對錯，屬於「對」和「對」的決

策，其實才是管理者真正的挑戰跟價值的所在。

佛家有句話：「煩惱即是菩提。」當我們在工作當中常常為這種沒有標準答案的事情而苦惱時，換個角度想，那正證明了我們工作不可被機器取代。

然後，我們來談紐約洋基隊在2017年找布恩當總教練的事。

後魔球時代總教練的價值

布恩當洋基隊總教練的事之所以特別，是因為他雖然打過大聯盟，但在當上洋基隊總教練之前，沒有任何執教經驗，而是在ESPN擔任球評多年。這和大盟聯一般先從教練開始，再逐步晉升到總教練的歷程很不一樣。

那洋基隊看上他什麼呢？我在網路上找到的報導說：「洋基球團盼藉重其善溝通的特質，幫助年輕球員融入球隊，並成為球員與球團之間的重要橋梁。

「洋基現在的需求是找一位最能與高層和球員溝通、能擔任球場及辦公室之間的橋梁、將球團分析部門的哲學貫徹到場上的總教練。」

看過《魔球》（Moneyball）這部電影（或書）的人都知道，奧克蘭運動家隊的球隊總經理比利・比恩（Billy Beane）在極為有限的預算之下，卻因為善運電腦分析資料，在2002年的球季創下20連勝的佳績，一時成為傳奇。

但是這樣的分析方法一旦被證明有效，很快就會被競爭對手模仿。所以波士頓紅襪採用同樣的方法，在2004年拿下久違的世界大賽冠軍。到了2017年，以財大氣粗

聞名的洋基隊，不用說，電腦分析更是早已運用到爐火純青了。

所以當球員的調度、策略擬訂等事情都可以讓電腦來協助（說不定有一天還全權做主呢！）的時候，總教練的價值究竟是什麼？

還是回到人！後魔球時代，總教練的價值在於讓球員和球員、球員和球團之間，無縫協作，成為一個真正的團隊。而這也是AI時代，管理者的價值所在。

所以在你的競爭對手不是人的時代，管理者該磨練的能力是：

●「對」和「對」的決策力
●「人」和「人」的溝通力

祝大家都因為善於處理對和對的衝突，而和洋基隊一樣財大氣粗！

17

脫藩的武士
——半澤直樹

加倍奉還的背後
臺灣企業人會怎麼做？

看著半澤直樹，我想的是坂本龍馬。

有人從半澤直樹看到權謀。而我看到的是日本人對組織的絕望，以及且戰且走的新生存法則。

日本企業裡的組織和個人，就像是舊時代藩和武士的關係。武士對藩無條件的忠誠，得到的回報是世襲的榮譽及特權。無藩可依的武士叫浪人。浪人看似瀟灑，但其實徬徨落魄如流浪狗。

為什麼無藩可依？通常是因為藩主在政治上或軍事上鬥爭失敗，藩給滅了。觀念裡，無藩武士最好的歸宿，就是替藩主報仇之後，切腹了斷（對這方面有興趣的人可以Google一下「赤穗烈士」）。「跳槽」從來不是武士的選項。所以武士的信念就是用盡手段，不惜代價，維持藩的生存。這是實質利益的考慮，更已昇華成信仰。

那藩會不會拋棄武士呢？應該不會。對一般武士而

言，也不敢想像。

坂本龍馬也是浪人，但他和一般的浪人不同。他是為了建立新日本的理想，選擇脫離土佐藩獨自奮鬥。他見識遠大、劍術高超，相貌堂堂，在日本明治維新歷史中扮演重要角色。不過他的下場不算好人有好報，年紀輕輕，就死於暗殺。

坂本和半澤一樣的地方是：他們都很清楚自己在做什麼。

坂本和半澤不一樣的地方是，坂本脫藩後，用自己的規則追求理想。半澤則是形體上在藩，但精神上脫藩，直接在藩（東京中央銀行）裡，搞起叢林法則的體制內革命。

半澤劇中所作所為如果用嚴格的標準檢視，許多都是違法的。但為什麼大快人心？因為藩裡的大人已腐敗至不堪聞問。而原本應該在藩之上，守住最後正義防線的中央政府，幕府（在劇中就是銀行的主管機關，金融廳），不但成事不足敗事有餘，更是太監般的可笑丑角。世道如此，原本只是市井流氓行事邏輯的「以牙還牙，加倍奉還」，如今卻被堂堂武士奉為最高指導原則。

半澤直樹肯定會有續集。他會有什麼發展？還看編劇的大筆一揮。但無論如何，戲畢竟只是戲。但如果我們回顧歷史，首先起身與舊時代對抗的義士，就像坂本龍馬，通常不是笑到最後的人。

如果放到真實的職場來看，半澤的下場很難樂觀！即使被視為最後正義仲裁者的中野渡行長，之所以能爬到這個位子，靠的也是不斷的妥協與利益交換。半澤最終也不

過是他手上的一張牌。我相信日本的上班族，在大聲叫好之餘，這一點也心裡有數。

日本的上班族與公司，就像離不了婚的怨偶，在相互傷害之後，最後還要不甘不願的相互依賴。

說起來，我還是喜歡臺灣的組織環境。劇中的情節如果發生在臺灣企業人的身上，我們會怎麼做？要不蒐集證據一狀告公司；要不學好必要的 Know how 後，創業和老東家搶生意。最不濟，聽說現在流行賣炸雞排。這樣的境界高不高我不敢說，但至少快意恩仇，爽！

18

什麼時候「客戶永遠是對的」是錯的

很多時候人們不知道自己想要什麼

老闆天馬行空，公司長多短空

最近重讀Clayton M. Christensen一系列關於創新的書。邊讀邊想起當年自己還在科技業時的一些行徑，不禁慚愧又汗顏。

當時第一線的業務同仁在市場走動，三不五時就會看到嗅到一些公司現有產品無法滿足的商機。有企圖心的同仁就會來找我，希望公司能開發某某新產品。我那時最常問的問題就是：「如果公司真的開發出這個產品，你敢承諾賣出多少？」

當然，多數業務無膽也無能回答這個問題。即使勉強應戰，也在自認邏輯清楚的我幾番詰問猛攻之後，棄甲而逃。除了少數例外，多數這類的提案到我的手上後，都在「極大化公司資源運用效益」的精準分析下雲消霧散。當時，我自認為善盡經理人的職責，對得起公司，也對得起母校給我的MBA訓練。還有，我在公司的表現一直在水

準以上，老闆對我不錯。

這次多年後重讀Christensen，才驚覺我當年所作所為，完全符合他所描述的，為什麼突破性創新很難在既有組織發生的原因（這裡所謂的「突破性創新」，是相對於「延續性創新」。兩者的差別這裡不多做解釋，有興趣的人請自己拜一下Google大神）：

● 組織會將資源保留給最有勝算的專案。這些比較有把握的專案，都是延續既有客戶的既有需求，而不是新技術、新市場的突破性創新。

● 經理人為了自己的績效及升遷，會規避風險，偏好繼續投資在舊客戶身上。

你無法分析不存在的市場。當年我能夠振振有詞說得部屬啞口無言，不是我腦袋比他們厲害，而是我要他們用磅秤量身高，強人所難。舊產業的度量衡，無法拿來衡量突破性創新所創造的新世界。

難怪Steve Jobs說：「你不能詢問顧客他們想要什麼新產品，然後嘗試給出他們所想要的。」「很多時候人們不知道自己想要什麼，除非你秀給他們看。」

「貼近客戶，傾聽客戶的聲音」，常被許多企業奉為真理，遵行不渝。但是當客戶不知道他不知道什麼的時候，「客戶永遠是對的」是錯的！

最後，我想起我認識的某公司CEO。他的想法常大幅走在市場前面，看似天馬行空，投資開發新產品也不太

考慮成本效益，而是相信只要東西好，一定能找到客戶。坦白說，這樣的風格常常讓人為他捏把冷汗。但印證Christensen的理論，由於我這位朋友處所的產業正是變化快速的高科技業，也許他這樣的特質，反而正是企業維持突破性創新的動力。

我當然不鼓勵蠻幹。但有時在孕育突破性創新時，「老闆天馬行空，公司長多短空」。祝福他！

19

下手要在重點，
而不是下手重一點

　　大家還記得北風與太陽的寓言嗎？就是不管北風再怎麼用力吹，旅人都把外套抓得更緊。但當太陽照得大地暖烘烘後，旅人卻自然而然的脫掉外套。

　　那一天，我在一位客戶身上，看到了一個這樣的例子。

　　這位客戶因為行業特性，電話行銷時必須嚴格遵守法令的規定，不能誇大宣傳，否則會被主管機關懲處。但業務人員為了業績常常跨線演出，帶給公司很大麻煩。公司為了防止這樣的事，於是雇用大批工讀生全面回聽電話錄音。凡錄音中聽到可疑用語，全部登錄，然後呈報相關部門處分。由於錄音資料量龐大，每月花在回聽的成本高達90萬。

　　那天課堂上，討論的是如何強化現有的回聽及處分辦法。但是隨著討論愈來愈深入，我開始覺得很怪。

　　討論中我知道幾個關鍵的事實：

● 會踩過線的業務同仁，通常都是業績名列前茅的那幾

個。所以公司很難下重手開除他們

● 這些同仁都是經驗豐富的老鳥，不是不知道規定。會犯規的原因，就是為了衝業績，拿獎金

● 這些業績優秀的同仁，每人每月的業績獎金，金額大約是數萬元左右

　　於是我問了一個問題：如果拿一部份的回聽成本，比方30萬，當作「不犯規」獎金的預算，發給那些業績到達一定水準又遵守規定的業務同仁。然後回聽改成只抽查十分之一，但對被查到的同仁加重處罰。這樣做，會不會大幅節省費用，同時減少與業務同仁的對立？

　　學員沉默了好一會兒。這想法好像完全背離原本的方向，但認真的思考後，他們同意實在沒有理由不能這麼做。

　　下課後，他們仍在討論我建議的可行性。我不知道最後他們的決定是什麼？但至少我們知道，北風之外，還有太陽。

　　做事下手要在重點，而不是下手重一點！

20

從 A 到 A+，然後呢？
然後他就倒了！

「只看贏家不問輸家」的分析方法，
可能建立在危險又錯誤的邏輯上
別人的良方，可能是自己的穿腸毒藥

今天要講的是一個結論可能是對的，但是推論過程不對的故事。

大約十幾年前吧！ 臺灣的商業界有一本非常流行的經典叫做《從 A 到 A+》（*From good to great*, 中譯本遠流出版）。這本書裡面有很多發人省思的管理觀點，比方：第五級的領導人、先找對的人再決定做什麼事、刺蝟原則等。

比較遺憾的是這些當時被稱為 A+ 的公司後來的發展都很掉漆。很多不但沒有維持 A+，甚至變成 C，有些甚至倒閉消失了。所以作者後來又寫了一本《為什麼 A+ 巨人也會倒下》（*How the Mighty Fall—and why some companies never give in*, 同前），有點想要自圓其說的味道。

這兩本書的第一本絕對是全球瘋狂大賣數百萬本，第二本賣得應該也不錯。儼然一時顯學。

很可惜不管你認不認同書裡的結論，但是作者導出這些結論的方法卻是錯的。

我在商研所的時候，有門投資學的課。老師為了增進我們學習效果，舉行了一個模擬投資比賽，每名學生學期一開始都有一筆同樣的虛擬資金，每星期我們要做投資決策，把這些資金分配到不同的投資標的，學期結束前再結算每個人的投資績效。結果我名列前茅。因為這個比賽結果佔學期成績相當的比重，所以我投資學的成績也因此很好。

但是這真的代表我很擅長投資嗎？從我這輩子到目前的投資績效看來顯然不是。

我當時想的是反正又不是拿真的錢，富貴險中求，就賭他一把吧！所以我的資金全部重壓投機性高的股票。剛好運氣不錯，那一陣子的股市走大多頭，所以投資報酬率當然就出類拔萃了。

在那一場投資競賽中，我的績效就是所謂的A+的超前段班了。如果你分析我的投資策略就會得出一個結論：想要當A+就要用力大買投機股。

但這顯然是錯的！因為用力買投機股的人有更大一堆是血本無歸。贏家跟輸家用的策略其實完全一樣，但我們只分析贏家就得出結論，並且把他奉為最高指導原則。

《從A到A+》提出的很多理論，其實都很符合我自己原有的價值觀，我也真心希望他們都是對的。但現在看起來，他們即使沒有錯，預測力也非常薄弱。

更重要的是，這樣「只看贏家不問輸家」的分析方法，

幾乎天天出現在我們看到的媒體報導中。專家學者分析成功的企業，成績優異的學生，還有經濟發展好的國家，然後得出無數看似擲地有聲的建言。但這一切可能都建立在危險又錯誤的邏輯上。

　　向贏家取經的研究模式並非一無可取，但是由此得來的藥方，在服用之前請先斟酌療效並檢視自我體質。否則別人的良方，可能是自己的穿腸毒藥。

　　這世界真正會害死你的，不是你知道你不知道的，而是你不知道你不知道的。

21

別搞錯！
低空飛行其實更耗油

為什麼有人可以打混而薪水照領？因為高度夠
要放鬆滑翔一下時，先看看自己的條件夠不夠

我喜歡「小確幸」的感覺！

社會紛擾，資訊雜亂。一杯手中的熱咖啡，讓人感覺這世界還有觸手可及的簡單快樂。

我擔心「小確幸」的現象！

我觀察身邊似乎有愈來愈多的人，說工作對他們而言只是維生工具，只要能維持住小小的現況就滿意了。追求更高工作成就所必需的額外付出，對他們而言不值得。追逐大成就很累人，不如小確幸平易可親。

在高空飛還是在低空飛？

我希望我的觀察是錯的！因為我替他們擔心。這些人的想法違反物理定律，最後會被地心引力處罰。讓我們用飛行來比喻吧！

地球上所有上天空的東西，除非速度超過人造衛星的

發射速度（專業的說法叫「逃逸速度」），否則最後一定會摔回地面。飛機當然不例外。飛機所以能飛在空中，只有兩個可能的狀況：

1. 有足夠的動力
2. 雖然在下降，但高度夠，靠滑翔可以撐好一陣子

先談第一種狀況。

沒有意外的話，飛機有動力就能飛。就像我們只要努力工作，除非特殊狀況發生，否則應該可以維持我們在組織的生存高度。真正關鍵問題是怎樣飛比較輕鬆省力？

你不需要航空工程學位就可以知道答案一定是：高空飛。再不然，你比較一下老鷹與麻雀，看誰飛得比較久，比較爽？

低空干擾物多（煙火、鴿子、臺北101……族繁不及備載），氣流不穩。不但速度快不了，也更耗油。不要以為窩在低處就沒事，其實更累！真的要飛的話，還是往高處飛吧！

再談第二種狀況，滑翔。

高度夠，當然可以自在的無動力下降。我拜了一下Google大仙，目前滑翔機飛行距離的世界紀錄是2009年創下的2,501公里，總共飛了15小時。真是驚人！我無法想像他們怎樣做到的。但以我玩過飛行傘的經驗，我相信運用上升氣流一定是滑翔機飛得久遠的要訣之一。

所以為什麼有人可以在公司打混而薪水照領？因為高

度夠。高度也許是過去的戰功，也許是和老闆的舊交情。但戰功和交情都會折舊，落地是必然的宿命，只看是硬著陸還是軟著陸。

為什麼有人可以輕鬆過小日子？因為高度夠。高度也許是累積的財富，不管是靠自己還是靠父母；也許是一生懸命的專業與名氣，所以即使一開口、一動手就要價千金，還是有人捧大把銀子來排隊。但是一樣的，財富會耗竭，專業不與時俱進也會過氣。

然而在下降的過程中，如果能善用上升氣流就厲害了。資產可以孳息，專業可以觸類旁通，這就是讓你飛得久遠的上升氣流。總而言之，地心引力無所不在，無處可逃。但懂得御風而行者，可以暫時擺脫它的掌握，有很大程度的自由。

飛得低的通常最容易受傷

明喻暗喻說完了，我們來說一下結論吧！

在組織裡是要努力高飛或是盤旋基層，那是每個人自己的決定，無所謂對錯。但我要強調的是低飛不會比較輕鬆，反而更費油——尤其當組織的亂流來襲時。

即使只想維持原有的高度，也要相當努力。地心引力是永遠的敵人，而下去的速度總是比上來快很多。

地心引力雖然討厭，但很公平。所有的人只要和它作對，都會有報應。

有些人含著金湯匙出生，天生高度就高。這沒什麼好說好怨的。古有明訓，「一命二運三風水、四積陰德，五

讀書、六努力」。運命之事，不在這本書的討論範圍。重點是當我們想要放鬆滑翔一下時，必須先看看自己的條件夠不夠。蜘蛛人能毫髮無傷的從高樓往下跳，不代表我們也可以。

第二眉角

溝　通

不能用拳頭，
只能靠舌頭

組織是由一群人組成。

組織的宿命是：這群人有不同的個性，不同的價值觀，不同利益得失的考量，卻又不得不為了種種原因共同合作。

讓別人合作的方式，古往今來只有兩個，一個是用拳頭，一個是用舌頭。文明社會拳頭早就不管用，只剩舌頭。用舌頭，就是溝通。

溝通是企業裡最常提起又最難落實的，它是組織有效運作唯一的解方。溝通，就是企業人一定要緊緊掌握的第二個眉角。

1

你說了什麼，
真的沒有那麼重要

決定行為的是對方跟他自己說了什麼，而不是你說了什麼

沒說出來的往往更重要

語言是誤會的根源，形容詞是根源中的根源

一、手機與溝通

我常覺得世間的道理，一理相通。至少在溝通這件事上，科學與人文是息息相關的。

很多人覺得溝通複雜，但其實也就是以下這張圖。

溝通的原理

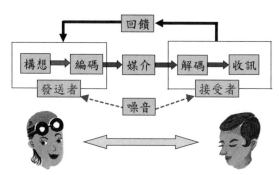

為了有效說明這張圖，以及證明科學與人文在溝通上的共通性。我們先用最直白的人話，說明一下我們講手機的時候發生了什麼事情。

講手機這事可以分成以下幾個步驟：

編號	通信術語	人話
1	編碼	手機把你的話（音波）轉成電磁波
2	發射	手機發射出電磁波
3	傳送	電磁波經由基地臺複雜的運作，傳到對方的手機
4	解碼	對方的手機把電磁波轉還原成人聽得懂的聲音（音波）
5	回饋	你聽到對方的回話，發現沒有雞同鴨講，確定是有效的溝通

一個簡單的動作，但分析起來有點複雜，對嗎？

人跟人的溝通其實也類似。只是我們太理所當然，忽略這簡單日常背後大自然的偉大奇蹟。舉一個餐桌上的例子。

吃飯的時候，你想要辣椒醬。但是你發現辣椒醬罐離你有點遠。所以跟一起吃飯的朋友說：不好意思！可以請你把辣椒醬給我嗎？

你的朋友伸出手，拿到辣椒醬，轉過身來交給你。溝通結束。

餐桌上的短短幾秒鐘的場景，跟打手機時所牽涉到的複雜電磁學原理其實是一樣的。

1. 你有一個想法：你想請人幫你拿辣椒醬；
2. 你進行「編碼」。這裡所謂的「碼」，就是語言。不論你講國語，臺語，英語或日語，總而言之，不管什麼語，都是一種碼；
3. 你編好碼之後，透過空氣把這個碼傳給對方；
4. 對方收到這個碼，開始進行解碼；

   重點來了，他為什麼能夠解碼？因為聽得懂你說的語言。所謂「聽得懂你說的語言」，換句話說就是他腦袋裡面有一本跟你相通的密碼本。如果你講的是日文，而他腦裡沒有日文的密碼本，那就聽不懂日文，溝通結束。現在幸好是他也會講的中文，所以溝通繼續進行下去；
5. 對方了解你的意思。他知道你要辣椒醬，他把辣椒醬拿給你；
6. 你收到辣椒醬，發現跟預期是一致的，也就是你得到一個如你所預期的回饋。溝通結束。

說起來不難對不對？問題是每個環節都可能出錯。

二、到底是哪裡出錯了？

錯誤環節一：想的不見得是講的

什麼是「社會化」？我對社會化有個最直白的定義，社會化就是「學會說謊」。

客戶今天穿了一件設計師品牌的服裝。他遇到你的時

候，興奮的問你說：「我這衣服好不好看？」你真心覺得這種樣式花色的衣服穿在他臃腫的身材，看起來簡直像行動窗簾。但是我想10個人有9個人會說：「好看！好看！真是好看！這衣服穿在你身上，氣質風度真是遮掩不住啊！」而剩下那一個說實話的，就叫「白目」。

所以溝通的時候常有弦外之音或是言不由衷，而這些沒說出來的常比說出來的更重要。

錯誤環節二：訊息傳遞過程會有噪音

噪音分成兩種，一種是物理性，一種是心理性。這是溝通最大的重點，要好好說明。但因為篇幅比較長，我們放到最後面再來說。

錯誤環節三：密碼本版本不一致

前面說過，你的朋友能夠如你所預期的把辣椒醬給你，是因為他有辦法解你的碼，也就是他腦袋裡面有一本跟你相通的密碼本。

但是溝通的時候最大的問題之一就是，我們彼此之間的密碼版本，可能是大同小異。其中的小異往往帶來嚴重問題，而最常出現的「小異」，就是形容詞。

舉個例子。

你跟你的部屬說：「這份分析報告很急又很重要，請你好好寫，盡快給我。」部屬回答說沒問題，然後你就離開了。這時候時間是上午10:00。

下午5:00左右，你還沒收到報告。走過去問部屬說：

「報告好了吧！我現在要。」沒想到部屬一臉無辜的看著你說：「報告還沒好耶！」。這時候你火了，你說：「我不是告訴你盡快給我嗎？現在都什麼時候了？」但是部屬卻怯生生的回答說：「這麼複雜的分析報告，兩天能寫完就算很快了啊！我已經很拼命了」。

問題就出在你對「快」的認知跟他的並不相同。你認為的「快」是今天下班之前，他認為的「快」是兩天之內。

甚至，即使你收到了報告，你還可能發現，他的內容不是你要的。因為他的「好好寫」跟你的「好好寫」，定義也不一樣。

語言是誤會的根源，而形容詞是根源中的根源。形容詞通常是用來談感情，是講「爽」的，比方說你好棒！你好帥！但不太適合用來講「準」的。而要講精確的時候最好讓形容詞消失，而用具體的數字，範例。

比方說剛剛的句型可以改寫成：「這份報告請你在今天下午 5:00 前給我，內容你可以參考 Mike 之前寫過的這份」

雖然你說完之後，部屬可能會說時間不夠，或者還是不會寫。但至少，你有時間預做處理，而不是在最後一分鐘被突襲。

三、噪音

接下來，要說重頭戲「噪音」。

如剛剛所說的，噪音有兩種，物理性和心理性。先說物理性。

　　如果我們在講話時旁邊有人用高分貝在彈搖滾樂，那麼我們的溝通一定很吃力，這就叫做物理性的噪音。物理性的噪音討厭，但是明確，也容易解決。換個地方就是了。

　　比較麻煩的是心理性的噪音。關於心理性的噪音，要先說一句誠懇建議各位可以背下來的話：

　　決定對方行為的不是你跟他說了什麼，而是他自己跟自己說的什麼。

　　這個自己跟自己說了的什麼，叫做「自我對話」，它是會讓對方原本的訊息完全走樣的噪音，更是決定行為的真正關鍵。

　　請想像以下的場景：

　　快下班的時候老闆突然出現在你身邊。拍著你的肩膀說：「兄弟！我知道這樣真的很不好意思。但是客戶突然要我們緊急提案，而且明天一早就要。除了你公司沒有人可以弄得出來，請你無論如何今天晚上加班生出來。萬事拜託了！」

　　這時候你會怎麼做呢？

劇本一

　　自我對話：老闆非常信任我，非常器重我，榮譽感成就感油然而生。

　　行為：我一定要盡我所能，完成這份關係重大的提案。

劇本二

　　自我對話：老闆根本不尊重我，每次都挖坑給我跳，

新工作還沒找好，我現在還不能跟你翻桌。不過沒關係，提案就隨便寫寫吧！能交差就好，反正時間這麼趕，老闆也沒什麼要挑剔的。

劇本三

自我對話：這老闆是豬頭加混蛋，我真的受夠了。

行為：我會在公司留晚一點，不過不是寫提案，而是寫辭呈。明天我們走著瞧！

其實，老闆說的是同一句話，為什麼人會有不同的行為反應呢？關鍵不在於他說了什麼，而是你的自我對話如何解讀你老闆的話語。

所以人生在世，很多時候外面發生了什麼事情並不重要，或者說，至少沒有那麼重要。真正重要的是你如何詮釋、解讀這個事情。比方說：有人從小坎坷，但是他的想法是我一定要自立自強，不讓別人看不起。最後成就不凡。但是同樣的際遇發生在另外一個人身上，他的反應是我這就是我的命，反正我也沒有選擇，就繼續爛下去吧！

所以，溝通的時候，如果我們不先去了解對方的自我對話，那講再多也沒有用。而這也解釋了常見的現象：為什麼「碎碎念」和「講重話」常常沒有用。

碎碎念沒有用，因為不管你講什麼對方都自動的轉成他的自我對話，而自我對話都一樣，所以碎念再多次都沒有用。

講重話如果沒有用，是因為你重重的講，對方輕輕的想。講重話有效果的前提是對方相信如果不聽你的重話，

會有嚴重的後果。但如果這個嚴重的後果一直沒發生，那重話就是廢話。動不動就把做不到目標你們就給我滾這類話掛在嘴上的老闆，除非他說到做到，否則就是被當笑話。

講話不是要講重一點，而是要講重點。而所謂的重點，就是以對方的自我對話為根據，能有效改變對方行為的內容。

四、結論：口才好不一定會溝通

最後，我們有幾個重要的結論和提醒：

1. 完整的溝通有好幾個環節，如果你和某人在某事的溝通上出了問題，想想問題可能出在哪一環？
2. 了解對方的自我對話，是有效溝通的關鍵。忽視這個，說什麼，說再多都沒有用。
3. 口才好不一定溝通能力好。愛講、能講，但如果不能理解對方的自我對話，反而只是惹人厭。

2

孩子的爸爸是誰
──再談當責與負責

當責就是對任務負成敗之責，

為落差負改善之責

所謂的當責就是搞清楚「孩子的爸爸是誰」

帶領團隊完成任務，其實就像是拍電影。

一部電影有兩個要素：一是劇本，二是演員。而導演的工作就是要讓這兩個要素用最恰當的方式組合，讓電影交織出最好的氛圍。

團隊的運作也一樣。走完規畫流程之後，那麼為了達成什麼目標，要做哪些事情也就大致清楚了。換句話說，劇本已經寫完了。

那接下來的重點就是誰來演了。為了確保團隊能把劇本演好，本文要再談一談前文討論過的、有深刻含義的兩個字：當責。

含義深刻的兩個字：當責

我聽過很多本來罵人不負責任的主管，後來都改用

「當責」來罵人。因為好像聽起比較厲害，也比較有深度。但其實這兩個觀念有本質上的差別。溝通品質決定團隊運作的品質，而「精確」是溝通品質重要的一環。所以要把電影拍好，就要先精確定義名詞。離開特定的語境，語詞都會有不同的意涵，但我強烈建議大家帶領團隊的時候，先把觀念定義溝通清楚。以下就是我認為很好用的一個版本。

為了說明當責的概念，我們先來說一下，在完成一個任務的過程中可能有四種人會出現。

第一種人是當責。

第二種人是負責。

第三種人叫做顧問。

第四種人叫做被告知。

這四種人當中，當責的角色最重要。所以我們就先從當責說起。

首先要說的是，當責不是使命必達。嚴格來說，世界上不存在使命必達的承諾。即使豪氣萬千的立下軍令狀，說沒做到我就提頭來見，那也不過表示最壞情況之下，你願意用生命陪罪而已，使命一樣未達。畢竟人生充滿了意外，真的不是你說要做到就一定做得到的。

當責如果不是使命必達，那究竟又是什麼呢？

我認為當責具體來說有兩個含義。

第一個是：對任務負成敗之責。

也就是在任務執行之前，已經跟團隊達成協議，如果

這個任務成功了，那算是我的貢獻。但是如果失敗了，我也心甘情願的扛下責任，不會牽拖東牽拖西。

當責的第二個含義是：為落差負改善之責。

有句話說：如果道歉有用，誰還需要警察。我們常看到有些人（特別是政治人物啦！），做不到承諾的時候，就說：「我道歉，我對不起大家，我沒做到。」道歉也許有療癒心情的功效（雖然通常也沒有），但是從管理的觀點來說，團隊更需要的是針對目標與實際績效的落差，提出具體的改善方法。

如果用更直白的方式來說，所謂的當責就是搞清楚「孩子的爸爸是誰」。企業中有很多的任務就像叔叔伯伯姑姑阿姨一大堆，但就是沒有親爹的孩子。親戚雖然有空的時候都會來關心一下，但就少了一個願意全心全力，排除萬難把孩子養大的親爹。（如果你問我為什麼是沒有親爹而不是沒有親娘？答案很明顯嘛！孩子的媽媽是誰從來都不是問題，但孩子的爸爸是誰有時候除非驗DNA，還真的不知道。）

負責、顧問、被告知

接下來說負責。負責是協助當責者完成任務的人。一個大任務可以拆解成很多小任務。完成這些小任務之後，大任務也就完成了。大任務的當責者，不需要也不應該親力親為完成所有小任務。相反的，他應該為這些小任務，各自找到合適的親生爸爸，也就是負責者，這才是真正的

團隊協作。大任務的負責者，管理的重點就是如何讓這些小任務的負責者：

- 有效的完成任務
- 心甘情願的負成敗之責
- 目標與實際狀況有落差時，用有效的改善方案彌補落差

再來說顧問。顧問的責任就是被人問。當責者跟負責者執行任務時如果遇到困難或是資源不足，可以向顧問求救。但是顧問基本上是被動的角色，你不問他，他就當作天下太平，什麼事都不做。事情萬一真的垮了，他也不用負任何責任。

至於被告知，你就把們想成在工作的LINE群組裡潛水的同事，或是群發郵件裡面，出現在郵件副本名單裡的主管們就好。

如果事情進行得非常順利，你完全可以把被告知的人當成不存在。但如果被告知的人發現事情不對勁了，那他們也許就會出個聲或做一些事，以確保任務如期完成。

以一家米其林星級餐廳為例

舉個例子，你認為一家米其林星級餐廳，誰要為菜色的品質負成敗之責呢？ 答對了，當然是行政主廚。行政主廚就是餐廳菜色品質的當責者。但是我們吃的菜不可能每一道都是行政主廚親手做的。比方有其他的廚師要對甜點負成敗之責，換句話說，他就是甜點這個品項的負責者。

如果客戶對甜點不滿意，行政主廚可以說甜點不是我做的，請你去找甜點師傅嗎？當然不行，因為他要為整體菜色的品質負最後的成敗之責。但處理完客戶的投訴之後，他可以關門狂K甜點師傅嗎？當然可以。

有時餐廳經理的角色像是顧問。經理會提供一些餐飲的趨勢，或客戶的回饋給行政主廚參考。但只要行政主廚還是行政主廚，經理的意見就還是參考。當然，如果行政主廚的表現已經太離譜了，他會被換掉，但這是下一階段的事情了。

而出錢投資餐廳的股東可能就像是被告知者。如果每年分紅都分得很爽，客戶和一般員工可能根本感覺不到他們的存在。但如果餐廳虧錢或是有大的問題，那他們說不定就會跳出來換掉行政主廚，或做一些提高效益的事情。

希望以上的說明，能幫助大家進一步了解當責的意義。

最後要再次提醒，帶領團隊時，不管什麼任務，都要溝通清楚孩子的爹是誰。畢竟劇本再好，沒有人認真演，都還是一場誤會啊！

3

工作說明書之外，
該說明的事

能不能把組織設計好之後所產生的「職位」，

講清楚、說明白，是管理者的基本功

要說明一個職位，只要把握三個重點：

活動、決策、關係

　　組織設計一向是公司裡重要、關鍵，但又充滿政治算計的敏感議題，不是所有管理者都常常會碰到。但能不能把組織設計好之後所產生的「職位」，講清楚、說明白，卻是每個管理者的基本功。

　　以下內容，我們就來討論，如何正確的對同仁說明一個職位。

三個重點：活動、決策、關係

　　讓我們試想一個畫面。如果一名新進的同仁上班第一天，問身為他主管的你，他的工作內容到底是什麼，你會如何回答他？

　　雖然很多公司的職位都有「工作說明書」，但以我的

經驗，多數的工作說明書內容都寫得很「用力」卻難懂。也就是用了很多文字說明，但看完之後卻仍然讓人一頭霧水。

其實，要說明一個職位，與其照著工作說明書唸，不如只要把握三個重點就夠了。這三個重點是：活動、決策、關係。

活動：指這個職位要做什麼事。這是最基本的，通常主管在說明工作時，這一題都能及格。

決策：指哪些事你可以自己決定，哪些事你不能決定。這是主管常常漏講的。漏講的結果就是，同仁不知道自己的權力範圍（同時也就搞不清楚自己的責任範圍），所以諸事請示。

關係：這個部份是常常是連主管自己都沒想清楚的。而因為這一塊沒弄清楚，就看不到職位的核心功能，無法發揮職位真正的價值。關係這部份包含：

- 上游：就是這個職位從別的什麼職位得到什麼投入？
- 下游：就是這個職位產出什麼給下一個職位？
- 代理：當你請假時，什麼人可以代替你執行什麼工作？

關係這部份因為大家可能比較陌生，值得多花一些篇幅說明。

在有效的組織裡，每個職位都是價值鏈裡的一環。這個職位被投入某些資源或訊息，然後產出某些資源或訊

息，重點是其產出的資源訊息的市場價值，要比投入資源或訊息的市場價值來得高；但是無效的組織則不然，往往所產出的資源或訊息價值比投入的更低。這樣的組織一定是不健康的，但遺憾的是，這樣的組織並不少見。

所以「關係」的觀念就是把每個「職位」當成一個應該創造價值的「系統」，並以投入產出的投資報酬率，來衡量這個系統存在的必要性。實務上，這個投資報酬率並不容易精算，但是光這個觀念，就會提醒管理者用不同的角度，評估職位的價值以及必要性。具體來說，如果一個職位的「投資報酬率」是負的，那麼這個職位不是應該裁撤，就是應該「外包」。

這樣的觀念完整的體現在日本代表性企業之一「京瓷」，在該公司內推動的「變形蟲式管理」，已有不少文章和書籍介紹過，有興趣的讀者可查詢相關資料。

以業務人員的工作為例

以業務人員的工作為例說明，假如志明是一家電子公司的業務部門主管，那他可以用以下三個面向對業務同仁說明工作內容：

活動面向

- 讓新客戶了解公司的產品，贏得客戶信賴，進而取得客戶採購公司產品的訂單。
- 維護舊客戶對公司產品的好感與信賴，進而取得客戶採購公司產品的訂單。

- 執行必要的活動，以確保從客戶下訂單到出貨，以至最後收取客戶貨款的一切過程，都能依照公司相關規定進行。
- 執行必要的活動，以確保從客戶下訂單到出貨，以至最後收取客戶貨款的過程，都讓客戶覺得滿意。
- 依部門規定，繳交規定的業務報表。

決策面向

- 公司官網有公佈的標準產品，不需要再經主管核准，即可對客戶報價。
- 在公司頒布的價格表範圍內，不需要再經主管核准，即可對客戶報價。
- 在價格表範圍內的標準品，可以拿到客戶訂單後直接交付生產部門投產，不需再經主管核准。
- 在臺北市及新北市的活動範圍內，可自行安排客戶拜訪，不需要再經主管核准。臺北市及新北市以外的客戶拜訪，則需事先經主管同意才可進行。

關係面向

- 上游：取得客戶需求，並從客戶取得有效的訂單。
- 下游：將客戶訂單轉換成符合公司需求的投產文件，並將文件交付生產單位。
- 代理：
  —取得有效訂單相關活動的代理人：業務課長。
  —將客戶訂單轉換成符合公司需求的投產文件，並將文

件交付給生產單位：業務助理。

　　所以下次要解讀工作說明書時，請認真思考，這份工作說明書有沒有準確的傳達了活動、決策與關係這三個重點。如果沒有的話，可能是這份工作說明書寫得不好；但是也有可能，是我們沒有弄懂工作說明書裡的「微言大義」。

4

是主管沒有原則，
還是你不懂他的原則？

反覆無常，是「主帥無能」還是「聽到遠方的鼓聲」
改善忘的問題，最簡單又最常被忽略的是「重複」

粉絲頁的朋友提了一個問題，值得大家一起來思索。

問題：主管指令反覆無常，甚至常常忘了之前說好的事，好像鬼打牆一樣，讓部屬無所適從。部屬面對這樣的情況，該如何因應？

我的看法：我認為這事要分兩種情況，一個是反覆無常，一個是忘。前者比較費工，後者好處理些。我們先苦後樂吧！

反覆無常：兩種狀況

關於主管反覆無常，我想起兩句話：「主帥無能，累死三軍。」「有些人的腳步和別人不同，是因為他聽到遠方的鼓聲。」

如果是「主帥無能，累死三軍」，我的看法很直接，也很殘酷。先問主管的主管，是不是也無能？再問主管的

主管的主管，還有其他部門的主管，是不是還是無能？也就是這公司主管無能，是特例？還是通則？是特例的話，跟它耗，跟它拚！天道還好在人間，等雨過天青後就是你出頭天的日子。如果是通則的話，良禽擇木而居，別在錯誤的地方用力，浪費青春。

但你說，「我找不到其他的木，怎麼辦？」那這就殘酷了。因為這恐怕是你能找到最好的工作了。請平靜的接受這個事實！不能改變環境，只有改變心情。改變心情的方法很多，打禪七、練瑜伽都可以考慮。

至於「有些人的腳步和別人不同，是因為他聽到遠方的鼓聲」，我的意思是：也許主管根本沒有反覆無常，是你誤會他了。你之所以覺得他沒有原則，只是你不了解他的原則，只是你沒聽到他聽到的鼓聲！

一個例子。主管對業務說：「如果你覺得現在給客戶測試樣品可以拿到案子的話，就寄樣品去吧！」業務寄了樣品，樣品有大問題，客戶發飆，案子丟了。主管氣得大罵：「誰叫你把樣品寄給客戶的？」業務眼光含著淚水，怯生生的說：「是你叫我寄的啊！」

旁觀者清，我想大家可以看出問題出在哪裡。

首先，主管說的話有但書，而業務聽的只是結論。主管的但書是樣品沒問題，客戶測試了之後可以成交。聽話要聽絃外之音，而不是只聽字面。

其次，主管真正要的是拿到案子，而不是寄樣品。只要能贏得案子，寄不寄樣品都無所謂。樣品有問題還寄，是白目。在企業裡，白目是重罪。公司付薪水給業務，是

來創造業績，不是來寄樣品的。

主管有沒有錯？有，也沒有！看從什麼角度。能碰到什麼事都說得明白透徹的主管，是緣份更是運氣，不能強求。能修鍊的是自己聽話的能力。

忘：有技巧、甜而不膩的三次重複

再說忘。

其實人性本就善忘，特別是主管通常有點歲數，真的別太苛責。要改善忘的問題有很多方法，其中最簡單又最常被忽略的是「重複」。

老婆叫老公下班時買醬油回家。只說一次通常會忘，說兩次也不保險。說四次被嫌雜唸，說三次剛剛好，因為事不過三。所以要讓主管不忘，也要說三次，而且是有技巧，甜而不膩的三次。

一樣看一個例子。主管說下星期三要開專案檢討會議。依你的經驗判斷，這個會到時候很可能又開得二二六六。所以，我們來重複三次：

「老闆，您是說下星期三，也就是8/23，下午2:00，要開XX產品的量產準備會議嗎？」

第一次重複，確認內容。

「老闆，所以這個會議的目的是要確定量產日期、數量以及出貨的品質標準。研發、業務、生管三個部門的主管都必須參加，對嗎？」

第二次重複，確認主管真正的目的及「弦外之音」。

到了8/22，開會前一天，再次通知老闆。「老闆，依

上星期一我們開週會時的記錄，明天下午2:00，要開XX產品的量產準備會議。研發、業務、生管三個部門的主管都會出席，您記得要參加喔！」

第三次重複。用師出有名的語氣，喚醒主管脆弱的記憶。

你說，我都已經這樣做了，老闆還是忘，怎麼辦？這情況真的慘，只能正面思考了！

第一，老闆做到這麼不堪，他一定非常需要你，你的工作很有保障。

第二，老闆這麼肉腳，那你升官的日子應該近了。先恭喜你了！

所以不管反覆無常或忘，其實解法都還在自己身上。智者說：「人都想改變別人，而其實你真正能改變的只有自己。」

5
......
工作，
開始於未來的一場簡報

　　上課的時候問學員，會做事比較重要，還是會做報告比較重要？通常這兩個答案舉手的人大概一半一半。但是認為會做報告比較重要的，舉手時通常帶著詭異的笑容。彷彿他們無意之間窺探到了企業的潛規則，黑祕密。你知道的嘛！這年頭會做表面功夫，會做秀，還是比老老實實做事得人疼的啦！

　　但是難道這件事情就沒有其他的答案嗎？當然有。今天想談的就是一種「想著報告去做事的工作態度」。

想著報告去做事的工作態度

　　我有個朋友四十歲不到，已經在一家世界級的企業做到很高階的職位。他的條件本來就很好，是名校的電機博士。但是在他們公司像他這樣的名校博士，沒有上千也有幾百，所以名校的博士，在他們也不算是升官發財的保證。我問他，在這麼競爭激烈的企業裡，有什麼獨到的祕訣可以讓他平步青雲嗎？以下就是他告訴我的祕密心法。

在他們公司，只要是帶人的主管，每年年底的時候，都會對上一層的管理團隊做一場簡報。內容主要是過去的這一年他做了哪些事？對公司有什麼貢獻？然後還會帶到接下來一年預計的工作重點。整個時間不長，最多也就半個小時。以他現在的職位，當然報告的對象就是CEO了。至於以前往上爬的過程中，報告的對象就是從經理、協理、副總，這樣一路上來。

但是不管報告的對象是誰，他處理的方式都是一樣。每年一開始的時候，他就在心中預想年底做簡報時候的畫面。想想在那一個場合，聽他報告的會有誰？這些人在乎什麼事？要講什麼、怎樣講才能讓這些決定他績效的主管們，聽了眼睛為之一亮？

如果他沒有辦法把這個畫面弄得很清楚，他就會去問那些年底要聽他報告的人，他們在年底時究竟想要聽到什麼？一次問不清楚，就多問幾次。直到他覺得有相當把握了，那他這一年的工作目標也就基本確定下來了。

然後他接下來一整年的工作，就是把年底要報告的那些事情的具體成果做出來。他分析為了做到年底拿出來報告的這些成果，他整年的每個月該做哪些事，然後就循序漸進完成這些事。

這就是他成功的祕訣了。不神奇，也不驚心動魄。No magic, just basic!

Steven Covey 在他那本全球熱賣的《與成功有約：高效能人士的七個習慣》(*The 7 Habits of Highly Effective People*，中譯本天下文化出版)中，有提到「以終為始」(begin with the end in mind）的觀念，說的就是這個。只是我這位朋友他們每一年的「終」（end）就是那一場攸關他升遷績效的簡報而已。

不是簡報，是人生啊！

再回到一開始的那個問題，究竟是會做事重要還是會做報告重要？也許這不是二選一的問題，而是這兩者根本就不應該分開對待。

正確的答案是：我們應該想著報告去做事！

決定你的績效的，永遠不是你做了多少，你會多少；而是別人認為你做了多少，你會多少。

哥談的不是簡報，哥談的是人生啊！

6

企業的文法課

主詞：一定要先搞清楚，否則就是一場誤會

動詞：是關鍵，沒有動詞就不成句

學語言時要學文法，文法錯了話就說不好。在企業裡工作也要講究文法，文法錯了事情就做不好。

主詞：一定要先搞清楚，否則就是一場誤會。

錯誤例句：我們一定要盡全力想辦法讓A公司在這個月底前下單。

文法分析：A公司不會下單，也不會決定要不要下單。真正能決定要不要下單的是A公司裡面的某某某，再加上影響某某某的某某某（s）等。你要搞定的不是A公司，而是A公司的某某某，再加上影響某某某的某某某（s）等。後面那一個某某某，通常作複數型。

形容詞：基本上是廢話。

錯誤例句：我們一定要在今年大幅提升產品品質。

文法分析：什麼叫產品品質？沒有定義，無法衡量。

企業管理原則，量不到就管不到。什麼叫大幅？課長認為返修率減少 2% 叫大幅，副總認為只減少 2%，課長該去跳海。

動詞：是關鍵，沒有動詞就不成句。

錯誤例句：「經理，這個專案目前遇到了以下問題，分別是：……，報告完畢」

文法分析：績效來自行動，也只來自行動。有效的企業溝通，要讓對方明確知道聽你說完後，你要他做什麼。如果對方什麼都不用做，也要說清楚，因為沒有行動，也是一種行動。專案的問題說完後，請具體的讓經理知道你需要他做什麼？或是什麼都不用做。

時間副詞：通常就是在罵人。

錯誤例句：你為什麼總是遲到？

文法分析：「總是」「老是」「經常」都是我所謂的時間副詞。句子中有這些字眼，對方聽了大概很難不激起和你對幹的鬥志。建議改成：「你上個月有五天都是九點二十以後才進公司，我可以了解是什麼原因嗎？」

7

溝通的死人原則和它的演化

別激勵人去做死人可以做得很好的事

要孩子放下手中玩具的好方法是給他另一個玩具，

而更好的方法是讓他去找另一個玩具

想得到才容易做得到

一、死人原則

管理有不同的詮釋角度，但共同的核心都是：經由管理者行為，讓團隊成員產生符合績效目標的行為改變。換句話說，傑出管理者的關鍵能力，就是能以最有效的方式，讓團隊成員產生組織所需要的行為。

這裡所謂的「有效」，最直白來說，就是「話少改變大」。

但偏偏我們看到很多主管講了一大堆，效果卻一點點。為了提昇這方面的成效，這篇就來談死人原則和正向的行為改變。

心理諮商中有所謂的「死人原則」，也就是「別激勵人去做死人可以做得很好的事」。

比方說我們勸人家「不要喝酒」、「別胡思亂想」，其

實這些事，死人都做得很好。死人本來就不喝酒，死人也從來不亂想。

相對於「不要怎樣」的死人原則，能有效改變行為的說法是：

「拒絕喝下一杯酒」，

「想想你的孩子多麼希望看到你的笑容」，

這才是活人該做的事。

這原則運在管理上，我們發現很多主管也是濫用「死人原則」的高手。以下是他們可能會說的句子：

1. 以後不要再惹客戶生氣了！
2. 別打擾其他同仁的工作！
3. 要冷靜，不要想到什麼就做什麼！

同樣的道理，死人不會惹客戶生氣，不會打擾其它同仁，死人當然更不會想到什麼就做什麼，超冷靜的。

企業要的是同仁去做有助於績效的事，而不是不做什麼事。如果主管習慣用死人原則來溝通，那下場恐怕就是團隊充滿不作為的人。

二、負向禁止及正向行為

當主管發現部屬事情做不好的時候，第一個反應通常是要他立刻停下來，這當然沒有錯，但如果只是這樣，會有兩個問題：

1.「停下來」是死人原則。因為死人根本不會動

2. 部屬停下來之後，問題還在。怎麼辦呢？當然就是主管接手。所以接下來累的就是主管自己。

有教育專家說：「要孩子放下手中玩具的方法是給他另一個玩具」。你要他放下泰迪熊，最有效的方法是給他一輛玩具車。當然前提是，比起泰迪熊，孩子更喜歡玩具車。

以上這個概念在管理的領域來說，就是改變一個行為最有效的方式，是用另一個行為取代它。而且是對方能接受的行為。

放下手中的玩具就是所謂的「負向禁止」。負向指令可以預期的結果就是部屬接到指令之後停在那裡不動，等待主管接手。部屬不會再製造傷害，但主管就要收拾善後。

但是給他另一個玩具是「正向行為」，正向行為不但能更有效的停止現有的行為，還能積極的讓部屬產生符合績效目標的行為。

所以讓我們練習一下，把上面死人原則的那三句話，改寫成正向行為：

1. 死人原則：以後不要再惹客戶生氣了！

    正向行為：聽完客戶的想法，確定了解他的意思之後，再提出你的看法。

2. 死人原則：別打擾其他同仁的工作！

    正向行為：提出新的規格前，先和產品經理討論過，再

去找研發部門。

3. 死人原則：要冷靜，不要想到什麼就做什麼！

正向行為：來！對客戶提案之前，先想過以下3點，這3點分別是：……

看來不難，對嗎？但仔細想想，死人原則的回饋容易多了。因為死人原則只要告訴他停下來就好，但是正向行為卻要思考，對方怎樣的行為更適當。而怎樣的行為是更好、更適當，可能要花費主管龐大心力去思考，甚至你建議的行為，對方也不一定接受。

這也難怪太多主管還是喜歡死人原則。因為不管成效如何，這讓他們立即有事做，也滿足自己有做事的成就感，儘管這樣的成效不盡理想。

在這裡我要再次強調，我不是說主管不能給「不做什麼」的指令，而是不能只停在這裡。否則就成了主管帶頭，整個團隊一起玩「一二三木頭人」了。

三、比給玩具更好的方法是讓他自己去找另一個玩具

說到這裡，我們遇到一個重要而巨大的問題。既然主管給的「正向行為」，要花自己很大的力氣，但對方卻不一定接受，那該怎麼辦呢？（也就是部屬不理玩具車，還是死抓著比較喜歡的泰迪熊不放）。

這裡有兩個可以參考的答案：

1. 與其給他你選的玩具，不如讓他自己去找他喜歡的玩具
2. 給的方式很重要

關於第一點，我想跟大家介紹「教練式領導」的觀念。

教練式領導簡單來說就是：「不給答案，但引導同仁發揮自身潛力，進而提升績效的領導方式」。這是我個人認為近十多年來在領導領域最值得重視的發展。許多有智慧的前輩投身其中的研究，並有傑出不凡的成績。這個領域極為廣大，並不是本書的範圍，限於篇幅，更無法在這本書中多做探討。坊間這方面的論述及課程也極為豐富，我誠心的建議有心精進領導能力的讀者深入探索，相信會有滿滿的收穫，功力更上層樓。

至於第二點「如何給」，在接下來的章節中，會進一步說明

四、別急著吃棉花糖番外篇：自制力與想像力

有本書叫《別急著吃棉花糖》（Don't Eat the Marshmallow...Yet!）。即使你沒看過這本書，但書中的觀念相信很多人都不陌生。簡單來說，重點就是能夠克制當下的慾望，延遲享受的人，會是人生的贏家。但最近我又看到那個棉花糖實驗有趣的番外篇。

科學家後來把棉花糖放在相框中，要孩子想像那只是照片，而不是真實的糖果。結果孩子平均等待的時間延長了三倍。

很多實驗顯示一個人的自制力是有定額的。也就是你用了很多自制力，讓自己不去做某事之後，其他事你就比較hold不住了。比方說，最近有英國研究指出，節食的人，外遇的機率大增。(所以老婆，別管我的身材了，就讓我吃吧！)

這事告訴我們一個重要的結論：別和自己的自制力硬拚，而要用巧勁。像上面實驗中科學家對孩子做的，加上想像力就是可行的方法之一。想得到才容易做得到。

忽然想到，佛家所謂的「今日紅粉佳人，他朝白骨骷髏」，也是運用同樣的手法，要人斷絕慾念。

扯太遠了。趕快回來。在給正向行為的時候，除了行為本身，建議還可以帶部屬一起想像美好的未來。這樣產生有效改變的可能會大幅提高。讓我們把之前的例子再拿來運用：

1. 死人原則：以後不要再惹客戶生氣了！

   正向行為：聽完客戶的想法，確定了解他的意思之後，再提出你的看法。

   想像美好的未來：想想看，這樣的話就可能提出第一次就讓客戶接受的方案，不是很美好嗎？

2. 死人原則：別打擾其他同仁的工作！

   正向行為：提出新的規格前，先和產品經理討論過，再去找研發部門。

   想像美好的未來：這樣和研發部門談判的時候，是不是更理直氣壯了呢？

3. 死人原則：要冷靜，不要想到什麼就做什麼！

正向行為：來！對客戶提案之前，先想過以下3點，這3點分別是：……想像美好的未來：這三點通常是客戶最在乎的。想想看如果你跟客戶說了這三點，他們可能有什麼反應呢？什麼地方會滿意？什麼地方覺得還不夠？

五、出來混都是要還的

出來混都是要還的。溝通這事也一樣。前面偷懶，後面就要加倍奉還。

相反的，如果在事前多花點心思，在負面禁止之外再加正向行為，甚至用教練式領導引導部屬自己去找喜歡的玩具，最後再加上想像力的加持。那麼這些費工費時的投資，最後也會得到倍數的回報。

你的選擇是什麼呢？

8

想指正不當行為又不傷感情？
那就送他幾輛車
——CARS原則

你可以否定一個人的行為，但不要否定這個人

不批評別人的行為是對是錯，

但說明這樣的行為會導致的後果

只要正確套用CARS公式，

自然而然給出來的回饋就有用又中聽

要給團隊成員「有用」又「中聽」的回饋

什麼是管理？管理的定義百百種。但如果要我說一個最接地氣的，我會這樣定義管理：

管理就是讓團隊成員產生符合組織績效目標的行為改變。

所以管理者常面臨的一個難題是，如果團隊成員的行為不符合組織績效目標的話該怎麼辦？這篇文章談的就這個問題。

嚴格來說，人類社會改變別人的工具只有兩個「頭」，

舌頭和拳頭，也就是用說的和用打的。而除非你身在黑社會，否則文明企業裡，主管能夠改變團隊成員行為的工具就只剩一張嘴了。所以當部屬行為不符目標時，主管能否給予有效的回饋，就是管理成敗的關鍵。所謂有效的回饋，包含了兩個要素：

● 有用：部屬行為改變
● 中聽：不傷害關係

回饋時把握兩個人性原則

接受回饋的是人，所以我們要先了解跟回饋有關的兩個人性原則：

● 原則一：「人」與「行為」分開
● 原則二：談「因果」，不論「是非」

先說原則一，「人」與「行為」分開。換個說法就是，你可以否定一個人的行為，但不要否定這個人。

從形而上的道德層次來說，主管可以評斷部屬的行為是否符合組織的目標，但無權評斷他的人格。如果部屬的行為真的逾越了法律，那就交給法律，還是輪不到管理者來裁決。

從實務的角度來說，如果說一個人人品不好，那就是宣判這個人沒救了。那該做的是讓他離開，而不是再白花

力氣導正他的行為。

最後從人性的角度來說，如果你已經否定我了，那所有你說的話，就不會是為我好。既然你都不為我好了，那我又何必理你呢？

所以如果我們想導正一個人的行為，但卻否定了他這個人，這樣只會傷害關係，不會有成效。

再說第二個原則，談因果不談是非。也就是不批評別人的行為是對是錯，但說明這樣的行為會導致的後果。

判斷是非是根據每一個人自己的價值觀，而價值觀是主觀且不容易改變的。有人說，所謂的價值觀就是你認為對的事，並且和它牴觸者無效。又有人說，成年人用二十年的時間建立自己的價值觀，然後用一輩子剩下的時間證明它是對的。所以當我們說一個成年人做的事是錯的時，可能發生的結果如下：

一是你把你自己的價值觀強加在他身上，但這和他原本的價值觀衝突，所以無效。

二是你正在推翻他安身立命的基礎，他會拚命抵抗。

然而和主觀的「是非」相反，「因果」卻是相當客觀的。因果就是這個世界運作的規則，包含了物理定律、數理邏輯，還有一般的人性等等。

比方說你放開手東西一定會掉下去（物理定律）。比方說一斤白米混上一斤紅豆，秤起來一定會是兩斤（數理邏輯）。又比方說如果你不尊重別人，別人一定會不高興（一般的人性）。不管你喜不喜歡，這些事情就是這樣運行，跟你的喜好無關。

所以當我們跟一名團隊成員說明因果時，他就不能不理你了。因為你說的是確實存在、不能否認的現象。如果你說的是合理的因果，對方卻「昧於因果」，那就表示他冥頑不靈，表示他不值得「被管理」。白話文就是，你可以請他走人了。

來看一個例子。一名同仁上遲到了。你跟他說上班遲到是錯的，他回你說可是他加班到加很晚啊！你如果再堅持就是不能遲到，那他也許就說以後我就不加班了。像這樣子的對話基本上只是吵架，沒有建設性。而且憑良心說，以現代的企業環境來說，一個人是不是準時出現在辦公室跟他的工作績效還真的不一定有直接關係，要看他的工作性質而定。但是如果我們告訴同仁說因為你今天晚了半個小時進公司，以致缺席了一場有重要客戶出席的會議。這樣嚴重破壞客戶對公司的印象，談的就是遲到這個行為所造成的果，他也就必須好好面對了。

有效回饋的CARS原則

你說上面講的人性原則好像不無道理，但究竟要如何運用在給予有效回饋呢？你的心聲我們有聽到，所以接下來就介紹給予回饋的公式：CARS。你只要正確套用這個公式，自然而然給出來的回饋就是有用又中聽了。

CARS代表四個英文字的開頭：

● C: Condition——當時的情況
● A: Action——你的行為

- R: Result——你的行為產生的結果
- S: Suggestion——我給你的建議

串起來說，就是在當時XXX的情況之下，你做了XXX事。你做的事導致了XXX結果，這樣的結果對XXX產生了不好的影響，所以我建議你以後可以XXXX。

沿用剛剛遲到的例子，舉例說明如下：

C: 今天上午9:00有重要客戶來參加你負責專案的專案進度會議的情況之下。

A: 你卻9:30才出現在會議室。

R: 1. 這樣讓客戶苦等了30分鐘；

　　2. 客戶很不爽；

　　3. 枉費你昨天加班完成測驗，卻在關鍵的臨門一腳，不但沒有得分還被客戶洗臉；

　　4. 這樣太不值得了。

S: 我知道你家住得很遠，所以我建議以後如果你真的加班太晚，而第二天又有重要會議，你可以考慮：

　　1. 公司附近有家三溫暖，先去洗個澡休息一下，等會開完後跟我說這個狀況，你再回家補眠；

　　2. 當發現可能要加班很晚才能完成測驗的時候，立刻讓我知道，我可以預先安排好先讓客戶參觀工廠的行程。等你晚一點進到公司我們再開專案會議。

言語是刀，一不小心就傷人。讓我們一起用心送CARS，給別人「有用」又「中聽」的回饋！

9
......

如何有效的鼓勵：
BET 原則

重點不在部屬是什麼樣的「人」，而是部屬有什麼「行為」

人們會為了一枚破銅片而賣命

　　我有個朋友出身在傳統的臺灣家庭。從小即使他有好的表現，爸媽也很少給他鼓勵。好像是怕給他太多的鼓勵，會讓他驕傲，不再繼續求進步。雖然他看過很多文章，都強調鼓勵對團隊士氣的重要，但即使如今他當上主管多年了，每當部屬真的有好表現時，要說出適當的鼓勵的話，卻還是不知從何下手。

　　你是不是也有同樣的困擾呢？以下內容就是談如何用簡單的三個步驟，有效的鼓勵部屬，進而提升績效。

鼓勵的目的是什麼？

　　但是在談這三個步驟之前，我們要先談一個更重要的問題，也就是鼓勵的目的究竟是什麼？為了方便大家思考，這個題目我給大家兩個選項：

- 選項一：讓部屬高興，提振士氣
- 選項二：創造部屬符合績效目標的行為

　　你的答案是什麼呢？

　　如果你的答案是一，我不能說你錯，因為這的確也是鼓勵的目的之一。但如果你選的是二，我要大大恭喜你。因為你對鼓勵這個管理的重要行為，有非常正確的認識。

　　關於鼓勵最常有的一個迷思，就是認為鼓勵的目的是為了讓部屬高興。其實讓部屬開心只能算是鼓勵的必要成份，真正的重點還是部屬的行為。延續上文所談的，當部屬的行為不符合績效目標時，我們可以用CARS的回饋方式改正。而如果部屬有符合績效的行為時，我們會怎麼樣？當然希望他繼續維持，發揚光大，甚至其他的同仁有樣學樣，見賢思齊啊！

　　所以一個有效的鼓勵，應該包含以下要素：要被保持的行為，這個行為符合什麼績效目標，以及誠心的感謝。

　　我知道這樣不好記，所以又要給大家一道公式啦！這個公式就是BET。對！就是「打賭」的那個英文字。

- B：代表Behavior行為。表示一名部屬所做的明確具體的行為
- E：代表Effect成果。表示上述行為為團隊帶來的績效
- T：代表Thank謝謝。因為某位同仁展現了這個團隊重視的行為，所以主管要表達感謝

不知道你看出來了嗎？這個公式的關鍵重點，就是聚焦在「行為」。換個說法，也就是重點不在於部屬是什麼樣的「人」，而是部屬有什麼「行為」。主管鼓勵和感謝的，也是這個帶來團隊所要的績效的「行為」，而並不是部屬這個「人」。

以人為重點的不良副作用

為什麼要聚焦在行為而不是人？因為以人為重點，會帶來兩個不好的副作用。我們來看一個例子。

主管說：「這麼難搞的客戶，但是我們部門的小明卻一樣能夠讓客戶開開心心。你們大家都應該以他為榜樣。」

這句話聽起來沒有什麼不對，但「言者無心，聽者有意」，在其他人聽起來，可能有以下的反應：

一是：小明這傢伙不知道對老闆下了什麼功夫，讓老闆這麼喜歡他。簡直就是個馬屁精！

二是：你看做人做事就是要像小明這樣才會紅。所以小明的不管什麼行為，學起來照做就對了。

但說不定（只是說不定），小明雖然對客戶很有一套，卻有浮報交際費的問題。如此一來，大家也就跟著浮報交際費了。好的沒學成，壞的卻學到了。

因為有以上問題，所以接下來我們要換個做法。我們一樣用小明當例子，但這次不是誇讚小明這個人，而是運用BET公式。

B：首先我要跟大家分享小明這次為我們客戶所做的傑出服務。我們的老客戶陳老闆，5/19晚上在臺中大坑的

山路時，開車撞到路邊的護欄，車體嚴重損毀。那天是星期日，而他第一個想到的，就是打電話給小明。雖然是假日，但小明還是親自趕到現場，第一時間為陳老闆處理事故。

E：小明這次的表現，為我們一再強調的客戶至上，滿意第一，做了最好的詮釋。

T：小明，我要代表公司誠心的感謝你！謝謝你全心的付出。我們以你為榮。

在以上的公式裡，主管首先清楚的讓其他人知道，小明是因為他的某些具體行為，所以得到稱讚。而不是因為他拍馬屁或是用了什麼不光明的手段。

其次，他藉機再次讓團隊成員知道，客戶滿意是我們非常在乎的價值。所以日後凡是有符合這樣價值的事，大家都要多做。而只要多做，就會得到肯定。

最後，就是誠心誠意的感謝。

真誠感謝的力量常常超乎意料

關於鼓勵，很多主管有的另一個迷思，鼓勵一定要用有形的金錢或物質。會有這個觀念我完全可以理解，畢竟誰不喜歡錢呢？但是關於用錢來鼓勵團隊成員，我有兩點要提醒：

首先，管理者的價值就是在有限制條件下求最佳解。換句話說，如果管理者可用來鼓勵的錢是無窮的，那其實誰來做就都一樣了。管理者真正的價值就是：即使資源有限，一樣能讓團隊成員有高昂的士氣。

　　其次，很多主管常低估了感謝、肯定的力量。拿破崙曾說：「我觀察到人類最奇特的行為，就是人們會為了一枚破銅片而賣命。」這裡所謂的破銅片，就是指頒發給軍人的勳章。主管也許沒有太多預算給團隊成員發獎金，但真誠感謝的力量，卻常常超乎意料。值得我們多多體會。

　　所以，下次你要鼓勵你的同仁時，要不要考慮和他們打個賭，BET一下呢？祝大家所身處的團隊，充滿鼓勵讚美而又能有效創造績效的正能量。

10

如果一定要罵，
那就好好罵吧！

內功指的是罵人的資格條件。外功指的是遣詞用句
誰罵比罵什麼重要
每人心中都有一本帳，罵人要先存本錢

我看過很多「愛」罵人的主管，但真正「會」罵人的
主管很少。

以現在的社會氛圍來說，我們當然不鼓勵罵人。但作
為主管，有時你真的有很強烈的情緒要表達。如果一定要
罵，那就好好罵吧！

罵人的功力分內功和外功。內功指的是罵人的資格條
件，外功指的是遣詞用句。

內功篇：罵人兩大心法

內功講心法，罵人有兩個心法。

心法一：誰罵比罵什麼重要

任何人都能用拳頭傷害你，但只有你在乎的人才能用

舌頭影響你。許多主管罵得很用力，部屬卻是不動如山。原因很簡單，因為你不是他在乎的人。

你說我是你主管，你怎麼可以不在乎我？當然可以！皇帝時代有人說「拚得一身剮，敢把皇帝拉下馬」。民主時代我們說「天大地大，不做最大」。

而管理學中比較有學術味道的說法就是：「所有的權力都以被接受為前提」。當部屬不接受你的權威時，這時你唯一能做的事，就只有開除他了。（以現在的法令，有時開除人還不太容易呢！）

心法二：每人心中都有一本帳，罵人要先存本錢

人際關係中有個「情感帳戶」的觀念。別人對我們好，我們感念在心，記作存款。有存款當然就可以提款。所以日後哪一天別人要我們幫忙，或是對我們態度差一點，我們都可以接受，因為帳戶還有餘額。帳戶可以透支，不論先存後提或先提後存，基本上都還好。但重點是不能透支太多，也不能透支太久。

「出來混都是要還的」的另一面意思是，「出來混都可以叫別人還的」。

不是只有工作夥伴這樣，至親之間何嘗不是如此？社會新聞曾看到一個爸爸年輕時花天酒地，棄家庭於不顧。年紀大後錢沒了，身體壞了，怨子女不聞不問，一狀到法院告子女遺棄。對我而言，其實這樣的結果叫剛好。「父慈子才孝」，古有明訓。

我認識一位總經理，頭腦很好，嘴巴很賤。特別脾氣

一急的時候口不擇言，連我這個外人聽得都刺耳。這樣的人照說同仁應該充滿怨念，留不住人才。但是相反，人員不但穩定，而且人才濟濟。

原因是大家都知道這位總經理是標準的「刀子嘴豆腐心」。同仁家中有事故，別的主管想的是如何不要讓家庭影響工作，他想的是如何不要讓工作影響家庭。日久見人心。每次被罵就當提款吧！因為存款夠多，所以這公司的同仁都很「耐罵」。

主管罵人想要罵得有效，平時得先存本錢。

爸媽也一樣。現在很多爸媽不太敢罵孩子，假日的公眾場合常看到一些無法無天的小屁孩，而爸媽在旁邊竟也不管。這可能就是因為平時相處時間太少，所以沒什麼存款。好不容易假日親子相聚，當然不能再罵，再罵就透支了。

外功篇：罵人八大守則

外功也就是罵人的方法。我把這些方法整理成為罵人八大守則。

守則一：罵人的內容要具體

罵人是為了讓被罵的人行為改變，而不是摧毀他的自尊。該被罵的是那個有問題的「具體行為」，而不是人。所以不可以人身攻擊。「你這個人總是這麼消極」就是典型的人身攻擊，又不具體的罵人句型。徒傷感情，於事無益。

守則二：分段罵，勝過一次算總帳

老公回家，順手把襪子往沙發一扔。換來老婆河東獅吼加翻出三年的舊帳。老公覺得委曲，說：「有這麼嚴重嗎？」老婆回說：「我忍你很久了。」老公這下委曲變不甘，嗆回去說：「你又不說鬼才知道！」老婆本來有十足理由的，這一下氣勢大弱。算總帳的罵法，就是「不教而殺謂之虐」。

守則三：不要公開罵

人都不喜歡認錯，更都要面子。古有明訓，「揚善於公堂，規過於私室」。公開罵有兩個風險：

● 很容易激起被罵者的鬥志。即使心知錯在自己，也要抵死不從

● 罵人與被罵雙方都在情緒上，一不小心就擦槍走火。這時如果又是公開場合，傷害很容易失控

守則四：三明治罵人法

就像要讓小孩吃苦藥粉，總要混著糖漿下肚，吃完後還要再給一顆糖。三明治罵人法就是罵人時，先說一點被罵者的優點，再說該罵的地方，最後再強調一次他的優點。這樣的搭配，被罵的人比較吞得下去。不過這個處方有個重點，就是說優點時要誠懇而具體，否則被看破手腳就更假。

守則五：少批評，多要求

批評是「別做什麼」，要求是「去做什麼」。批評多了，會讓被批評的人覺得那乾脆什麼都別做好了，反正少做少錯，不做不錯。這不是我們要的結果。要求則是指出具體的行動方向，給被罵的人明確的改進目標。

守則六：罵人不要用「比較級」

這種事父母也常做。「弟弟啊！你看哥哥……（如何好），你怎麼就不多學學他啊！」這話說完，只有兩個後果：

- 弟弟覺得爸媽偏心
- 弟弟把哥哥當成敵人

主管罵人時，切忌把部屬互相比較。除了製造對立，一無是處。

守則七：要認真罵

就是不要碎碎唸！罵人要認真，要全神貫注，時間不要長。因為你認真，被罵的人才會當一回事。淪落到又臭又長，有一搭沒一搭的雜唸，這罵就很「掉漆」了。

守則八：平時給予讚美

呼應到內功的「情感帳戶」心法。平時不存款就沒本

錢罵。另外，罵人也符合經濟學裡邊際效用遞減的原理。部屬偶爾挨罵，戒慎恐懼；被罵多了，也就當那些不中聽的話語都是浮雲了。

罵人傷元氣，能免還是免吧！但是只要抓對時機、要領，有些時候仍不失為一種可採行的管理手段。

11

我值多少錢？
你今天 BATNA 了嗎？

你的「被取代性」多高？你有沒有「最佳備案」？
交換可以創造價值，這才是真正雙贏的切入點

如何跟老闆談薪水？

且假想一個情況。你是某公司的業務，過去三年每年都為公司創造很高的營收，利潤更高達 3000 萬，但是你的年薪卻只有 100 萬。在上述前提之下，你認為你應該可以跟公司爭取更高的薪水，你希望能夠調薪 20%，到年薪 120 萬。

請問你覺得你能得到想要的調幅嗎？

如果你回答「是」，那很遺憾，你可能太樂觀了。事情的真相比較殘酷。

決定員工薪資的因素很多。基本上，企業看待員工的態度，就像看待一項投資，會考慮長期效益、短期回報、轉換成本，等等等等。當然，感情因素也是重要的。仔細分析就會發現，在看似一切向錢看的企業界，其實有很多的投資決策是超乎經濟效益評估的，背後真正的動機是情

感的執著（像是企業第二代堅持要完成上一代留下的自有品牌夢）。所以不意外的，老闆對你的好惡也一定會影響你的薪資。

但是在這裡先不考慮這些複雜的因素。如果簡化到單純考慮短期經濟效益，我們可以用以下的分析架構，來討論薪資的上限以及下限。

薪資的上限與下限

上限：你對公司創造的價值。比方在上述案例裡，企業付給你這個業務的薪資，再怎麼高也不可能高過3000萬，因為這樣企業雇用你就無利可圖。

下限：你做的工作有多少替代方案。你雖然一年為公司賺了3000萬，但是這樣出色成績的關鍵在於公司的產品有專利保護，在市場上無可取代。所以換別人來賣，只要他不白目，出大包，也都能創造出不相上下的業績以及利潤。甚至於在這樣的前提之下，市場上有人年薪只要80萬就願意做這工作了。

所以當你跟公司提出加薪到120萬時，老闆會跟你說：「覺得委屈的話不要勉強，反正外面還有很多一年80萬就願意做的人在排隊。」

請注意，我用字是很精準的。我不是說你做的工作有多少「人」可以做，而是有多少「替代方案」。這個替代方案，當然包含機器。

政府常把調高基本工資做為照顧勞工的政策。但其實只要基本工資一調漲，就立刻強化企業自動化的動機，增

快自動化的進程。結果就是工作重複性高、易被機器取代的人工，被永遠踢出勞力市場。

所以一份工作即使產值很高，但只要機器能做得比人好，從業人員甚至連飯碗都不保。為了不得罪人，我不說是哪些行業，但我認為其中可能包含好些在過往印象中，讓人肅然起敬的高貴職業。請你也想想，有哪些行業是符合這個條件的？

很多人在跟公司談薪水的時候，盲點就在於只看到自己對公司創造了多少的價值（更何況一般人都會高估這個價值），卻忽略了自己有多大的可取代性。

這個所謂的「被取代性」，從談判學來說，就是「最佳備案」，BATNA（Best Alternative to a Negotiated Agreement）。也就是，「假如目前進行中的談判終止，達到目標的其他可能方法」。

關鍵就在強化自己的BATNA

談判的雙方都有BATNA，誰的BATNA愈強大，誰就愈敢翻桌不談。也因此他能從談判得到的利益就愈大。

再回到上面的例子，如果業績的關鍵在產品有專利保護，那公司即使和你談破局，還有很多的「最佳備案」（其他想要這份工作的人），你做不做對公司就都無所謂。反之亦然，如果你外面還有好多家公司用年薪120萬跟你招手，你自然也隨時可以終止談判，另謀高就。

因此爭取調薪的關鍵，就在於如何強化自己的BATNA。強化BATNA的方法不好用三言兩語說清楚，但

我試著把它簡化成一個重點：**「加入價值認知差異大的議題」**。

聽不懂對不對？沒關係，接下來我說人話。

人話就是「青菜蘿蔔各有所好」，「你的肉是別人的毒藥」，交換可以創造價值。強化BATNA，就要分析談判中，有沒有什麼東西在雙方眼中價值是不一樣的，然後把這議題加入談判。這才是真正雙贏的切入點。

具體來說就是不要只看「薪水」這個項目，而要想想除了錢之外，有沒有其雙方認知價值不同的福利項目。我們用實例說明比較快。

延續上述想要調薪20%的案例。

你正考慮換工作。但如果能和現在的公司談到調薪20%，你就留在原公司。由於你專長的領域現在很熱門，有A、B、C三家公司都想請你去上班。但是目前沒有一家公司提供的待遇加薪超過10%。那麼，也許你可以：

首先和A公司談。談到的結果是加薪10%。現在，你的BATNA是：「加薪10%」。

再來和B公司談。B公司一樣只能給你加薪10%，但他們公司有多餘的車位。對B公司來說，給你車位沒有增加實質的會計成本，只有機會成本（會計成本和機會成本的分別請自行Google），所以B公司願意給。現在，你的BATNA是：「加薪10%，還有停車位」。

最後和C公司談。C公司一樣只能給你加薪10%，也願意給你車位（否則你去B就好了，根本不用考慮C）。C公司因為有比較寬鬆的休假制度，經過和你討論後，決定

給你加薪10%，停車位，還有比現在多十天的年假。現在，你的BATNA變成：「加薪10%，停車位，年假多10天」。

然後，你就可以拿這最後的BATNA和現在公司談判了。因為只要談出來的條件沒有好過「加薪10%，停車位，年假多10天」，你就可以走人。公司為了留你，提出：「加薪12%，給停車位，職稱從副理調升為經理」的條件。最後「職稱調整」這項從原公司的觀點是沒有成本的，但對你找下一個更高階的工作，說不定就有不小的幫助。

這時候如果你還算知足的話，就可以接受，繼續留下來了。

看到這裡，希望你沒有興奮得太快。你應該有看到重點。重點就是因為有ABC這三家公司讓你玩，你才能夠回過來「玩」現在的公司。

在加拿大曾經發生過有個人用一根迴紋針，經過重複和不同的人交換之後，最後換到一棟房子的案例。這個神奇的故事背後的原理，跟我們講的透過交換強化BATNA的原理是相似的。

心甘情願的價值交換

最後要說個有點小離題，但我認為很重要的觀點。在這個很多人打算換工作的時節，我們到底該如何看待組織和個人的關係？

我認為這個時代，企業最重要的責任就是充份揭露資訊，把規則講清楚，並且遵守規則。然後接下來的所有結果，就回到自由市場經濟的原則，「各取所需」。企業和個

人彼此之間沒有不切實際的終生相守，只有心甘情願的價值交換，日本人所謂的「社畜」時代已經過去了。過去的「鞠躬盡瘁，死而後已」，現在成為「鞠躬盡瘁，用後不理」。與其在公司「任勞任怨」，不如成為「無可取代」。不管你喜不喜歡，這個社會正往這個方向走。

　　所以，你今天BATNA了嗎？

第三眉角

領　導

如果一頭獅子帶領的一群羊
遇到一頭羊帶領的一群獅子

如果一頭獅子帶領的一群羊遇到一頭羊帶領的
一群獅子，哪個團隊比較強？

聽說標準答案是獅子帶頭的團隊比較強，所以
證明領導者很重要，對嗎？未必！關鍵是，如
果你是羊，你敢跟獅子走嗎？

加入團隊是為了得到「更多」，同樣的道理，
一個人之所以能領導其他人，也是因為其他人
認為接受此人的領導，他們能得到「更多」。

領導，以接受為前提。當被領導者不接受領導
時，領導者其實是手無寸鐵，無能為力的。所
以領導「以接受為前提」；而接受這個前提的前
提是，「我接受你的領導，我能得到更多」。這
裡的「更多」，絕對不是只關乎名和利。人性
的複雜多面，不可思議。

1
......

管理者不一定只做管理的事，但一定要知道什麼「不是」管理的事

管理的事只有四件事：規畫、組織、領導、控制

主管要管大事與小事，不能只管中事

先說一個跟主題無關的問題：「一個男人要怎樣才能夠當一位好爸爸？」

條件當然很多。有人會說他必須有能力照顧、保護他的孩子，能給予引導，能成為榜樣，等等。

這些當然都很重要。但是以我的觀點這一切都基於一個前提，就是這個男人要先了解一個爸爸的「角色」究竟是什麼。

正確的角色認知比能力重要

我們生活中常用到「扮演好什麼什麼角色」這樣的句型。但是究竟什麼是角色呢？以我的觀點，所謂的角色就是一組當你處在特定的人際關係時，你所被期待的權利和義務。白話文就是：你該做什麼事情才能符合你的身份。

所以，在有沒有能力當一位好爸爸之前，我們要先搞清楚一個爸爸該做哪些事，不該做哪些事，再來討論如何具備能力把這些該做的事做好；當然也別去做那些不該做的事。

同樣的道理，要成為一位好的管理者，必須對管理者的角色有正確的認知。換句話說，到底什麼是管理者該做的事，什麼是管理者不該做的事，這個問題一定要先弄清楚。否則接下來再怎麼努力，都是一場誤會了。

以下這句話是本文的核心觀念。請你把它記下來，並且放在心中多體會幾遍。這句話就是：「管理者不是只能做管理的事，但是他必須很清楚的知道，什麼不是管理的事。」

聽起來有點像繞口令。但是當你真正弄清楚意思之後就會發現，原來你身邊的很多管理者，甚至包含你自己，做最多的其實都不是管理的事。

管理四件事：規畫、組織、領導、控制

什麼是管理？最直白的定義就是：經由團隊的力量完成任務。

所以如果你完成了一個任務，不管任務再困難，你的表現多優秀，卻不是經由團隊完成的，那就不是管理。

那什麼是管理的事呢？其實總共就只有四件事：規畫、組織、領導、控制。

除了規畫、組織、領導、控制這四件事，其他都不是管理的事。

讓我們以一位有為青年志明當例子吧！他加入現在的公司後，經過三年認真負責的打拚業績，終於得到公司的肯定。志明升為業務課長了！

我們當然要恭喜他！不過因為業績好就當業務主管這樣的安排，雖然很常見，但其實是有問題的。因為兩者需要的能力並不一樣。究竟哪裡不一樣，我們接下來就用例子做說明。

明天有位非常非常重要的客戶要聽志明團隊的簡報。這個簡報如果做得好，全年的業績目標基本上就達成了，但萬一失敗了後果也不堪設想。因為關係如此重大，志明不放心讓業務團隊中的其他同仁做，決定自己上臺報告。畢竟他最有經驗，臨場反應也最好。

聽起來這應該是一個正確的決定吧？也許是。但不管是或不是，這都不是管理的事。

如果志明為了這一場關鍵的報告，帶領團隊分析可能的狀況並做預先準備，同時訓練團隊同仁能夠在那個場合有優秀的表現，那麼這些事就是管理。因為志明做的這些事屬於規畫和領導的範圍。

再舉個例子，志明現在是一個研發團隊的主管，在擔任部門主管之前，本身也是一位傑出的研發工程師。

現在志明的部門有一個專案，其中一組重要的程式仍然有很多bug，團隊的工程師花了很多的時間試圖解決，但眼看期限一天一天逼近，卻仍然一籌莫展。

不得已志明只好自己跳下去，再度重出江湖解決這個問題。果然寶刀未老，他一出馬，問題立刻迎刃而解。志

明得到了大家的掌聲，自己也很得意。

也許志明做了一件對的事，因為沒有他出手，這個專案的下場會很悽慘。但我要提醒的是，志明現在做的事情一樣不是管理的事。更有可能是因為志明平常管理的事做太少，所以才會持續有最後要他親自出馬的狀況。

平時多做「管理的事」，才能少在緊急時做「不是管理的事」

對管理者而言，建立什麼是管理和什麼不是管理的事的自覺是非常重要的。有了這樣的自覺，我們才可以從每天忙不完的雜亂工作中找出真正的管理重點。如果一個管理者打開行事曆發現自己很忙，但忙的都不是管理的事，那麼這個管理者的工作重點顯然就有嚴重的偏差了。

以時間管理的角度來說，管理的事常常是「重要卻不緊急」的，以致優先序順常常在後面。但麻煩的是，如果持續少做「管理的事」，那「不是管理的事」就很容易像花園裡的雜草一樣，在不知不覺間枝葉茂盛，春風吹又生。

在主管培訓的課程中，我有時建議學員用一個很實務的方法，幫助他們建立「管理自覺」。我請他們拿出自己過去兩週的行事曆，回顧過去兩週做了哪些事。再依規畫、組織、領導、控制四個領域將這些事歸類。最後再看剩多少事無法歸到這四類。這樣做出來的結果常常發人深省。

再強調一次，管理者不一定只能做管理的事；甚至有些不是管理的事，對組織非常重要。但管理者一定要知道

什麼「不是」管理的事。如果管理者都沒有在做管理的事，那麼組織的發展，很容易就會出現瓶頸。

主管要管大事與小事，不能只管中事。大事是策略方向，小事是部屬工作時遭遇的實際問題，還有客戶對公司產品的感受、看法；接近日本人說的「現場主義」。中事則是按流程走的經常性事務。

大事的重要顯而易見，不用多說。

主管的時間都在處理中事的話，不是公司的程流有問題，就是主管逃避擔當，躲在程序後面不敢面對問題。

最後關於小事，我舉兩個具體做法的例子。

我認為即使身為公司的總經理，不論公司再大，一個月也至少要直接和兩家客戶見面溝通。這樣才能培養對市場的「手感」，提高決策的精準度。

總經理最好每個月也有兩次時間，和公司較基層的員工坐下來，不拘形式議題的聊聊。當年我工作的 HP 就有類似的制度，叫「GM Coffee」。後來我自己也在公司引入這樣的做法，收穫之大，出乎意料。

2
......

團隊成員的快樂
不是領導者的責任

管理者的天職是團隊績效，不是讓團隊快樂

公司存在的目的是創造多數股東長期的最大利益

成為受尊敬的主管，而不是受歡迎的主管

一、你快樂嗎？

　　團隊領導的課堂上，談到「快樂」這個問題。

　　學員問：「我要如何才能讓我的團隊成員快樂？」

　　我回答：「我認為經理人該負責的是快樂的工作環境，而不是快樂的員工。團隊成員快不快樂是他們自己的選擇。經理人管不了，也不用管。」

　　學員又問：「那怎樣建立快樂的工作環境？」

　　我再回答：「兩個重點。第一點，了解並尊重普遍的人性，基本上就是己所不欲，勿施於人。第二點，清楚誠信的說明組織運作的邏輯。員工與組織因了解而分手不是壞事，但絕不要因誤會而結合。」

　　我想學員心中還有不少疑惑，我也說得不夠清楚。但

是課堂時間有限，那時也就只能這樣停住。

所以利用這一章的篇幅，說明一下我對於快樂跟領導關係的看法。

但是這時可能有些人心中浮起另一個問題。他說：「我就慣老闆啊！我本來就不認為應該要讓我的團隊成員快樂。那這樣子的話這篇文章跟我有關係嗎？」

我的答案是：你可以不用讓你的團隊成員快樂，但是你必須要知道你的團隊成員快不快樂，以及快不快樂的原因及所造成的影響。希望這個回答有引起你好奇，讓你想繼續讀下去。

把這件事情說清楚，要分幾個層次：

1. 什麼是快樂的團隊？
2. 經理人的職責是什麼？
3. 團隊士氣和團隊績效的關係
4. 如何建立高士氣的工作環境？

為了讓討論能夠聚焦，文中所討論的團隊局限在「以營利為目標」的團隊，白話文就是一般的「公司」。不在這個類別裡面的團隊應該會有不同的角度，但不在本篇討論的範圍。

二、什麼是快樂的團隊？

「快樂是什麼」是哲學問題，很複雜，我們先放一邊。管理是實用的行為科學，所以就讓我們用行為來定義快樂

的團隊。

快樂的團隊：團隊成員很喜歡加入這個團隊，並且在這個團隊裡覺得開心。

但是這樣快樂的團隊就是一個好的團隊嗎？請思考以下幾種情況：

1. 公司有錢主管不管事。大家每天進公司就打遊戲，網購，每個月時間到了就有薪水入帳。雖然以後怎樣不知道，但至少現在大家上班很開心。
2. 團隊成員感情融洽，只差沒有歃血為盟。槍口一致對外，別的部門敢動我們，絕對給他死。
3. 主管人好又大方，還有強大的個人魅力。只要跟著他，沒有煩惱，心情大好。

我想你看得出來，以上團隊雖然都快樂，但是第一種情況是打混，第二種情況恐怕導致本位主義，第三種情況可能是個人崇拜。看起來都不太對勁。因為不管經理人用什麼方式領導團隊，最終的目標就是創造績效。

二、經理人的天職是績效

僱用經理人的是公司，而公司存在的目的是什麼？從歷史上最早的股份有限公司「荷蘭東印度公司」到現在，這個目的的核心一直沒有變，就是：追求股東的最大利益。所以經理的天職也就是完成被交付的績效目標以創造股東最大效益。

只是在公司的發展過程中，有另外兩個重要的觀念加進來了，一個是「長期」，一個是「多數股東」。而這些觀念進來之後，才型塑了我們熟悉的現代公司面貌。歷史是好東西，看清過往今來公司發展的脈絡，對於人在公司打拼的我們大有幫助。接下來討論這兩觀念以及為公司帶來的改變。

長期：

早期的公司其實名聲不好。為了極大化股東利益，往往傷害了員工，還有社會的利益。如「悲慘世界」等的文學作品，都部份描述了過往公司的樣貌。

但是慢慢的公司的經營者發現這樣下去不行。如果不重視員工、社會的話，終究要付出慘重的代價。也就是短期的利益有了，但長期的利益卻會出大問題。所以一些我們現在熟悉的觀念及作法就誕生了。比如：工會、員工退休金、各式各樣的員工福利、職災預防、環境保護，企業社會責任，反托拉司法等。

多數股東：

有很長一段時間，股市都是大股東的天堂，小股東的套房。小股東在股市被宰殺是應該，賺到錢是例外。

但是一樣的，如果長期這樣下去，小股東就不玩了，對公司也有重大傷害。於是我們有了：防治內線交易的法律、公司治理、對財務報表的規範，等等。

說了這麼多，要強調的只有一件事：完成績效以創造

股東最大的利益是經理人最優先的目標。只是這個目標要在長期及多數股東的前提下來思考。如果有經理人會把團隊的快樂當成優先的工作目標，那真是誤會大了。

除非，快樂的團隊會帶來高績效。

所以下一個討論重點就是，團隊的快樂和績效的關係。

三、團隊士氣和團隊績效的關係

錯的問題裡找不到對的答案。從以上討論，我們知道快樂其實和團隊的績效並沒有什麼關係。打混摸魚、本位主義，主管搞個人崇拜的團隊，可能都很快樂，但未必有好的績效。也就是課堂上的學員問了一個錯的問題。

對的問題是：怎樣的一種團隊氛圍最有助於團隊績效？這不會有簡單的唯一答案，但我個人認為「士氣」可能是很適當的選擇。一樣為士氣下個我的版本的行為定義。

士氣：完成團隊共同目標的意願

以上這個定義有兩個要素：「共同目標」和完成共同目標的「意願」。所以團隊成員彼此不一定喜歡，但是為了完成共同目標他們可以一起合作。某個成員在團隊可能有壓力，甚至有些不開心，但是為了共同目標，他可以承受。有些成員覺得老闆不盡人情，但為了共同目標，他們可以不放在心上。

這樣境界的團隊士氣，才是經理人該全力追求的聖杯。

管理者想「建立一個快樂團隊」的出發點是良善的，但一開始的角度偏差可能造成接下來的全盤大錯，最常見的結果就是管理一心想成為「受歡迎」的主管。

受歡迎不對嗎？不對！

領導者會受歡迎有很多原因。公司給他很多資源讓他可以隨便撒，個性親和，樂於助人，甚至長得美、長得帥。一個能讓團隊快樂的主管，更通常就是一個受歡迎的主管。但是許多的研究告訴我們，這些因素和團隊的績效並沒有什麼關聯。

回到最根本，管理者最關鍵的還是團隊績效。而依我個人的經驗，與其追求成為「受歡迎」的主管，不如成為「受尊敬」的主管。

受尊敬的主管更能讓部屬接受共同的目標，即使目標對個人而言有挑戰，甚至不自在。

受尊敬的主管能更有效的協調團隊的衝突。

受尊敬的主管更能為團隊爭取資源。

受尊敬的主管讓團隊更有榮譽及成就感。

綜合以上各點，受尊敬的主管更有機會帶領團隊創造績效。

最後，最重要的，比起受歡迎的主管，受尊敬的主管走得更遠，內在的感受也更好。

再說一次：成為「受歡迎」的主管，不如成為「受尊敬」的主管。

四、建立高士氣的工作環境

最後，要談的就是如何建立高士氣的工作環境。

依循我在課堂上給學員的回答(雖然現在的命題已經從「快樂」轉換成「士氣」)，關鍵一樣在兩件事上：

1. 了解並尊重普遍的人性；己所不欲，勿施於人

團隊是人組成的，管理離不開人性。人性何其複雜，如何了解人性，尊重人性不是這裡有限短短篇幅能深談的。但是「己所不欲，勿施於人」這個我們都熟悉的原則，大致就是所有準則的基礎了。

但這裡是要特別提醒的是，有許多主管的問題反而是「己之所欲，施於人」。主管因為有經驗，常常會把自己的想法，或是認為好的做法硬要塞給部屬。而又因為主管有職權，部屬即使心裡不舒服，不認同，也只能忍耐接受。主管的好意，反而常常消磨了團隊的士氣。

人最喜歡自己的想法，其次是自己有參與的想法；你的肉可能別人的毒藥。帶領團隊，特別是管理知識工作者時，「己之所欲，施於人」是主管要特別注意的。

2. 清楚誠信的說明組織運作的邏輯：

員工與組織因了解而分手不是壞事，但絕不要因誤會而結合。講清楚說明白，其它都是各自的選擇。

比方說在新創企業中，高壓力、加班是常態，薪水也不高，但有無限美好的未來。如果主管讓團隊成員一開始就有正確的期待，那就可以減少後續的誤會和衝突。

領導風格也無所謂好壞對錯。暴君賈伯斯和幸福企業的許文龍都有忠誠的追隨者。領導者能做、該做的只有誠信，其它剩下的事，生命自會找到出口。

五、結語

想讓團隊成員快樂，是領導目標的迷思。

真正該努力的，是士氣而不是快樂。

當個被尊敬的管理，而不是被喜歡的管理者。

「己之所欲，施於人」是管理的盲點。

最後，維持士氣，「誠信」是關鍵。其它的，交給團隊成員自己的選擇。

3

因相似而結合，
因相異而成長

你所帶領的部屬，他追求的是高度？深度？
寬度？還是溫度？
用「有點像又不太像」的方式組成的團隊，
最有機會成為高績效團隊

有位臉書上的朋友私訊問我一個問題。他說他最近被提升為一個新部門的主管，所以開始要組建由他帶領的團隊。他在思考的是，他究竟應該找和自己個性相近，感覺投緣的人，還是應該找和自己個性差異比較大，就像大家說的彼此互補的夥伴呢？

如果你是他，請問你會怎麼選擇？

部屬追求的是高度？深度？
寬度？還是溫度？

在往下探討之前，我要說這位朋友能有這樣的省思很是難能可貴，他的境界很高。因為有更多的主管在建立團隊時，是不假思索的直接就找「看得順眼的人」。

找看得順眼的人有什麼問題嗎？

有！問題就是容易「近親繁殖」。

讓我們講個古老的故事。以前的古埃及，皇室講究血統純正，所以當時有很多法老娶女兒或是近親結婚生子，因此生下許多智能障礙或有遺傳疾病的皇室成員，幾代以後也導致了王朝的覆滅。近親繁殖會有嚴重問題，這對我們現代人早已經是基本常識。

有些公司喜歡找同質性高的親朋好友來當同事。這樣有共同的語言，共同回憶，和樂融融，乍看之下挺好的。但是久了之後，就發現這公司大家想得都差不多，了無新意，甚至陷入集體盲點。

所以從這兩個例子來看，找夥伴就要找差異大的才好嗎？好像又不是。

看看在臺灣最常見的政治現象吧！在臺灣許多人一談政治就分藍綠，一分藍綠就翻臉，甚至有夫妻因此離婚。所以如果差異太大，合作也會有很大的問題。

那麼建立團隊時，究竟要尋找相類似或是差異大的夥伴呢？

其實我們應該從夥伴的角度來思考。

每位夥伴，包括你我，都希望擁有一個成功的人生，但是對所謂成功人生的定義，每個人並不相同。

有人說人生的追求大致可以分成四個向度，分別是高度、深度、寬度和溫度。

追求高度的人，希望在組織中可以快速升遷、快速賺大錢或累積聲望。

追求深度的人，期待能成為領域中的專家，專業上的高手。

追求寬度的人，需要的是被肯定、被認同，交很多好朋友，有圓滿的人際關係。

最後則是溫度。這樣的人，不追求金錢、權位，不強求專業深度，也不大經營人際關係。他展現的是對自己人生目標的渴望，把熱情專注在做自己喜歡做的事情。

所以管理者要思考的是，你所帶領的部屬，他追求的是高度？深度？寬度？還是溫度呢？面對他們的追求，你又該如何投其所好引導他投入團隊工作呢？

「有點像又不太像」的團隊組成

團隊的英文是TEAM。前面說過，TEAM這個字可以解釋為Together, Everyone Achieves More。團隊的本質是一個共同協作、分享利益的平臺。每個人會選擇參加一個團隊，一定是相較於他一個人獨自運作，他能在這個團隊裡——在高度、深度、寬度和溫度四個層面中——得到更多的滿足，否則他就會離開。而管理者的價值，就是讓團隊成員在追求個人滿足的同時，「剛好」也完成了團隊的目標。

也許有人會問，最後這個M為什麼不直接是money而是more呢？就像剛剛提到的，每個人追求的人生向度不同，錢只是滿足不同向度很重要的方法，卻絕對不是全部。錢永遠都很重要，但錢永遠都不是最重要。

有句話說，人因相似而結合，因差異而成長！這句話

其實就可以回答我這位朋友心中的疑問。

首先，團隊成員之間，要足夠相似到能讓他們願意一起合作下去，也就是剛剛所說的「together」。這個相似當然不是指能力的相似，我們很容易理解一個團隊需要不同技能的人，所以這方面應該不用再多做說明。這個相似，指的是基本的價值觀不能差太多。舉個例子：很多新創立的公司，為了存活，為了抓住稍縱即逝的市場機會，超時工作是常態。如果你是一個非常重視休閒的人，時間到了就下班，一下班就關手機。那不管其他的條件如何，至少在這個階段，你離開這個團隊，對大家可能都比較好。

接下來，就是了解每個人的差異，並都讓每個人都能夠 achieves more。

比方說，團隊中追求高度的人，可能就適合負責拓展業務，為公司帶來成長。

追求深度的人，可以專注發展核心技術，為公司打下競爭力的基礎。

追求寬度的，則可能是那個讓團隊凝聚在一起，走得可長可遠的人。

追求溫度的人，能提醒團隊什麼才是真正重要的事，讓團隊在前進中不迷失方向。

像這樣用「有點像又不太像」的方式組成的團隊，就有更大的機會成為一個高績效的團隊了。

所以如果你的團隊中有你看不太順眼，但是還能接受的團隊成員，說不定那正表示你的團隊處在一個剛剛好的狀況，值得一聲恭喜喔！

4
......

如何幫助同仁提升績效，
以及專業的喝一杯咖啡

部屬無知，一定是主管的錯

意願的高低，決定於「動機」和「信心」相乘的結果

有架構，才會精準

我喜歡咖啡，但是不懂咖啡。我喝完咖啡之後，通常只有好喝和不好喝這種弱弱的形容詞。這叫做業餘。

我有個朋友是咖啡達人。他買豆、烘豆，賣豆、賣咖啡，跟著他，你能喝到真正好喝的咖啡。但你跟他喝咖啡很累。因為他喝咖啡有程序，有步驟。先聞、再含、再吞，最後品。然後喝完一口後，能夠講個五分鐘，從豆子的品種、產地、烘焙的方式，還有……（以下略去1,000個字）。這叫做專業。

專業和業餘的當然差很多。但是有一個根本的差異在於，專業的人，腦袋裡有一個解析的架構。讓他知道碰到一個情況時，可以從什麼角度解構，然後分析。相反地，業餘的人腦袋裡就只有模糊的形容詞。

所以當部屬執行任務出了問題的時候，業餘的主管就只會給一堆形容詞。比方說：「你不夠用心啊！」「要認真學習，虛心求教啊！」或是講一些如果寫成逐字稿，可以直接在Line上面當長輩文發，不痛不癢的話。

但是專業的主管看到部屬的工作表現不如預期時，他腦袋有架構。透過這個架構，他可以精準的找出探討原因的方向，同時能夠精準的給出有效回饋，以採取精準的管理對策。對！重點就在於精準。有架構，才會精準。

所以這篇文章就是談當部屬績效不好的時候，我們可以用什麼架構去分析。

分析部屬績效的架構：知、能、願

再往下談之前先問大家一個問題：如果今天老婆想要一枚鑽戒，但是老公一直沒有買給她，原因是什麼呢？

請在這裡停一下，大家想個5秒鐘。

其實原因不外乎三個。

第一個叫做無能，也就是沒錢，買不起。

第二個原因是無願。老公可能覺得鑽石不過是顆石頭，喜歡鑽石的都是被行銷手法給愚弄了。或者是更殘酷的是，他有錢，但沒打算把錢花在老婆身上（說不定買給別人了，哭哭！）。

第三個原因是無知。就是老公根本不知道老婆想要鑽戒。這老公既有錢又超愛老婆，但是如果老婆不說，只是在心裡想，老公永遠不會知道，老婆即使已經有了10枚鑽戒，但還想要第11枚。

同理可證。部屬沒有把工作做好跟老公沒買鑽戒給老婆一樣，原因不外乎無知、無能、無願三個其中的至少一個。當然，本題可複選。

以下我們就以這個架構來分析部屬績效不好的可能原因。

無知：「什麼」和「為什麼」

無知可以分成不知道「什麼」，以及不知道「為什麼」。

先說不知道「什麼」。如果主管跟部屬說：「你這報告寫得不好，下次要好好寫，知道嗎？」這種情況之下，部屬的反應通常就是點頭稱是，然後告退。問題是，部屬真的知道報告寫成什麼樣子才叫做好嗎？

主管指派任務必須具體明確，也就是一份報告要以何種格式呈現，具備什麼內容才叫好，並且最好還給個範本，還要有完成時間。這樣這個任務才算交代清楚。

再說「為什麼」。如果公司用人用的只是人的手腳，不需要同仁臨場反應，必要時在第一時間做最好的決策，那就不用告訴同仁「為什麼」，因為他們只要照著SOP做就好。但如果管理的對象是「知識工作者」，那告訴同仁為什麼就非常重要了。因為我們用的是他們的頭腦，他們的決策能力。而要做好的決策，了解任務的「為什麼」，也就是真正的策略目的，就非常重要了。

結束這段之前，要說一句重話：部屬無知，一定是主管的錯。把任務交代清楚，是主管最基本的責任。而偏偏很多主管，連這一點都沒做好。所謂「問題常在前三排，

關鍵還在主席臺」啊！

無能：「能力」和「條件」

當我們說一個人「無能為力」的時候，這個「能」其實包含了兩個意思。一個是「能力」，一個是「條件」。能力是內在的，條件是外在的。

以前面那名要交報告的部屬為例。如果他寫不出來是因為他不懂格式，或抓不到重點，所以不會寫，那缺的就是能力。

但是如果他報告寫不出來是因為其他單位不給他寫這份報告所需要的資料，那他缺的則是條件。

缺能力的話主管要加強教育訓練。但如果是缺乏條件，那主管就要運用他的職權和影響力，協助部屬去「喬」出所需要的資源了。

當部屬面臨的困境是缺乏資源，但主管不去幫忙喬，卻只是一味要部屬反求諸己，提升自己的能力，那當然只會惹人厭而已。

無願：「動機」和「信心」

仔細分析會發現，做一件事情的意願高低，其實決定於「動機」和「信心」相乘的結果。

動機是指，部屬完成一個任務之後，所得到的回報是不是他想要的。信心則是他對完成這個任務，把握度有多高。

舉例來說，如果小明家裡很不缺錢，來公司上班只是

給爸媽交代，順便交朋友，要的就是輕鬆度日，準時下班。但是主管卻跟他說：「小明啊！如果你這次能夠完成這個高難度的專案，我們就給你5,000元的專案獎金。」5,000塊錢在小明這個富二代的眼中可能只是他一頓飯錢，根本不放在眼裡。所以他當然就沒有意願要好好完成這個任務了。這是缺動機。

但是如果對象是特別愛錢的小華，你告訴他完成這個專案之後要給他5,000塊錢的特別獎金。但是小華評估之後，發現這個專案根本是個坑，他能夠達到公司設定目標的機率非常低，那他也不會想要認真做好這件事情。這是缺信心。

所以當部屬沒有意願的時候，要深入了解是這個任務帶來的成果他不喜歡，或者是他對完成這個任務的把握度太低。

喝咖啡業餘沒關係，當主管業餘慘兮兮

各位主管，下次再看到部屬績效不好的時候，請不要再像我喝咖啡一樣任性而不專業，只說得出「好喝」「難喝」這種低水準的評論了。相反的，從「知」「能」「願」三個角度去深入了解、分析部屬的狀況，並提出有效的管理對策，才是一位主管該做的。

5
......

議在眾，決在獨：
管理者的決策原則

人最喜歡自己的意見，其次是自己有參與的意見
共識很容易成為卸責的逃生門
決策以討論為前提，不以共識為要件

決策時常犯的兩種類型錯誤

客戶的高階主管很苦惱的問我，公司決策常不能達成共識，以致無法執行，該怎麼辦？我反問他：「決策一定要有共識才能執行嗎？」

管理者決策時常犯兩種類型的錯誤：

● 類型一：不讓團隊參與決策，自己決定
● 類型二：讓團隊參與決策，而且一定要達到共識才做決定

依我的觀察，也許是因為民主意識已深入人心，臺灣企業犯第一類型錯誤的少，反而第二類型的多。客戶會問

這個問題，正表示他已經把「要有共識才能決定」當成如同幾何學上，不證自明的「公理」。

據說明朝首輔張居正曾說（據說就表示我沒考證過），「議在眾，決在獨」。我覺得這正可以做為管理者決策的準則。

我們來看兩種錯誤類型的問題。

第一類型的錯誤「不讓團隊參與決策，自己決定」，會有以下問題：

這年頭經營環境多變。團隊成員靠近現場，往往比深居大內的管理者掌握更多第一手資訊。再有經驗的管理者，棄這些資訊不用，必犯大錯。

沒有參與決策過程，就很難了解決策背後深層的考量，以及決策者所根據的價值標準。乾乾的幾句決議事項，只是肉體，沒有靈魂。團隊成員執行決策時，只能照章行事，無法隨機應變。

一個千古不變的人性原則，就是「人最喜歡自己的意見，其次是自己有參與的意見」。團隊員充份表達他們的想法後，最後管理者可能完全沒採用。但即使如此，只要管理者用鼓勵、肯定的態度，並說明不能採納的原因，就會大幅提高執行決策的意願。更何況「江山代有才人出」，很可能團隊成員的見解正中要害，有什麼理由不用？

至於第二類型的錯誤「讓團隊參與決策，而且一定要達到共識才會做決定」，則有另外的問題。

共識其實是朵雲，虛無飄渺。共識也是個哲學問題，見山到底是不是山？見水到底是不是水？同意到什麼程度

才叫共識？很難定義，更難收斂。

「共識」兩字，很容易就成為管理者卸責的逃生門。「這是當時大家都同意的決定，不能怪我！」多熟悉的臺詞！

「共識」的孩子是「再研究」，孫子是「下次會議再討論」，繁殖力很強。在共識的前提之下，時間不是金錢，而是粉飾太平的化妝品。

集結眾人智慧，承擔決策責任

「議在眾，決在獨」的決策模式，正可以防止以上的問題。團隊討論是必要的，因為需要精確的現場資訊，並集結眾人的智慧。透過參與也能提高執行的品質。但管理者也必須接受團隊意見分歧的事實，責無旁貸的做最後決定，同時承擔決策責任。

我想起我過去曾工作過的兩家美國科技公司，在決策方面，也都有與「議在眾，決在獨」東西相互輝映的指導原則。

HP的主管，會在開會時很清楚的告訴大家，現在是「discussion section」（討論階段），請大家知無不言，言無不盡。但當他覺得差不多了，他會說現在進入「decision section」（決議階段），接著直接說明他的決定。說完就是定案。

那時什麼樣的人是白目兼找死？就是discussion section都不發言，decision section之後又碎碎唸的人。

而我在Sun Microsystems工作時，公司說得更直接：

「決策以討論為前提，不以共識為要件」。簡直就是直接把張先生的文言文翻成白話文了。

所以我的客戶很不幸的問了一個錯的問題，以致在其中幾世輪迴，無法超生。

關於決策，最後再補充一個值得參考的「據說」。據說美國海軍陸戰隊有個70%原則：如果你有70%的資訊，70%的把握，那就行動吧！

有人常掛在嘴上的「準備充份再決定」的「準備充份」，其實和共識一樣都是朵雲，它永遠都只會在天邊。

6

虛話與實話
領導者的兩張嘴

願景要虛，但感情要真
計畫要實在，而且被充份理解
虛話放前後，實話擺中間

一、實話與虛話

說一個人講話實在，是肯定。

但是如果仔細分析歷史上很多關鍵、影響深遠的演講，其實都很虛。

實在的話是具體、有方法、甚至還有時間表。讓別人能了解你究竟要如何做。而虛的話，通常只有一個模糊的方向，沒有具體方法和時程。

這篇要談的就是一個團隊領導者，究竟什麼時候講話要實，什麼時候要虛。以及虛的時候要怎樣虛？實時候又該怎麼實？

191

二、歷史上有名的虛話

來看看幾個有名演講的片段：

1. 美國林肯總統，1863年11月19日，南北戰爭結束後，在蓋茲堡的演說。

「and that government of the people, by the people, for the people, shall not perish from the earth.」

「而這個民有、民治、民享的政府將永世長存。」

我很無奈的接受把「of the people, by the people, for the people」翻成民有、民治、民享的這個翻譯。因為這已經是普遍被接受的版本，而我也無德無能提出更好的版本，雖然我真心認為英文的這9個字比中文的6個字，更直接而意義深遠得多。

重點是，林肯有說如何做到「of the people, by the people, for the people」的方法嗎？並沒有！

2. 英國首相邱吉爾，1940年6月4日，對國會下議院，關於抵抗德國納粹的演講。

「We shall fight on the beaches, we shall fight on the landing grounds, we shall fight in the fields and in the streets, we shall fight in the hills; we shall never surrender」

「我們將在海灘上戰鬥，我們將在登陸地上戰鬥，我們將在田野和街道上戰鬥，我們將在山丘上戰鬥；我們決不投降！」

其實從頭到尾，邱吉爾就是說我們要跟德國死磕、打好

打滿、打死不退。但究竟怎麼打？哪來的自信？沒說！

3. 美國黑人民權運動領袖馬丁路德金恩，1963 年 8 月 28 日的華盛頓大遊行中，在林肯紀念堂前發表演說。演講中他一再重覆：

「I have a dream!」

「我有一個夢想」

比起前面兩位，馬丁路德金恩就虛得更理直氣壯了。直接告訴你，他有個夢。天啊！還有什麼東西比夢更虛？

為什他說的不是「I have a plan!」？而是「I have a dream!」呢？一個紮實而具體的計畫，不是應該比虛無的夢更好嗎？又如果當年他說的不是「I have a dream!」而是「I have a plan!」，會發生什麼事？

這個問題，我們晚一點再回來深入探討。但是先說一個基本的區別，「夢」訴求的是「情緒」；而「計畫」是「理性」。所以接下來談人類的情緒與理性。

三、情緒與理性

我們對情緒與理性的對立一點都不陌生。但是如果把這兩者放到演化的脈絡來解析會更深刻有趣。

驅動人類行為的動力，可以分為三大類：本能、情緒和理性。這三種動力都由人類腦中某個特定的部位主導。

今天不談解剖學。但有人把腦中掌管本能的部位稱之為爬蟲類的腦，處理情緒稱之為哺乳類的腦，負責理性的則是靈長類，特別是人類的腦。這個說法雖然過於簡略，

但可以幫助我們理解人類腦部的運作。

會有食慾、性慾，手碰到火會自動立刻縮回來，這都是本能。換句話說爬蟲類也有這樣的行為。

但是情緒大概就是在溫血動物，也就是哺乳類和鳥類身上，比較觀察得到。以我自己養巴西龜的經驗，實在沒感覺到它有什麼情緒。人類當然就不用說了，感情超級豐富。

至於理性，具體來說就是推理的能力，而推理的能力一般認為和語言息息相關。所以最有代表性的，當然就是把語言發揮到極致的人類了。

這篇不談本能，重點放在情緒和理智。情緒這個詞其實常常連結到負面的意思。比方：

你太情緒用事了！

不要帶著情緒進公司！

我一時控制不了情緒，才犯下這個大錯。

然而究竟什麼是情緒呢？我們可以把情緒理解成「對外界環境刺激簡單但快速的反應」。情緒不完全準確，但是大部分的時候還算正確。而更重要的是，情緒反應需要的時間很短，在蠻荒時代快速而「夠」正確的反應，是物種生存的關鍵。

比方有個原始人在黑暗中把一個大石頭當作是隻熊，出於恐懼他立刻就跑。雖然他是錯的，但是他活下來了，他基因也得以延續。

如果這個人看到黑影時，有「立刻逃跑」或「花時間在原地判斷」這兩個選擇，那麼會有四種排列組合的結

果：

狀況	判斷對或錯	行為	結果
把熊看成石頭	錯	留在原地	被熊殺死
把石頭看成石頭	對	留在原地	活下來
把石頭看成熊	錯	逃跑	活下來
把熊看成熊	對	逃跑	活下來

從這個例子我們可以看出來，不管判斷對或錯，逃跑一定可以活下來。但如果留在原地，只有1/2的機會活下來(他剛好判斷正確)。時間長流中，這樣的機率規則持續運作，以致最後存留的都是「逃跑」的基因了。物種對面演化時，對錯不重要，活下來才重要。

進一步分析，情緒有四大類，喜、怒、哀、懼，都會帶來對物種生存繁衍有益的行為：

情緒	基本原因	引發的行為	對延續物種的效益
喜	得到資源	讓別人知道你有資源	●和有相近基因的人分享資源，增加基因延續的機會 ●吸引異性，將基因傳遞給下一代
怒	受到威脅，而且覺得正面對抗會贏	正面攻擊	消除威脅
哀	失去資源	將自己躲藏起來	在弱勢時減少被攻擊的機會，有助生存
懼	受到威脅，而且覺得正面對抗會輸	逃避	避開當下無法消除的威脅

以上分析當然太過簡略，人類情感何其複雜，絕不是這樣幾個字說得清楚的。但至少可以當作一個思考的線索，理解情緒對人類生存的重要。

相對於情緒，理性就是要把事實弄清楚，因果關係搞明白。這當然是好事，但是理性除了花時間之外，以致於反應太慢之外，另一個大問題就是消耗大量能量。而在蠻荒時代能量是非常稀缺的。只要還活得下去，大腦能偷懶就偷懶，能少花力氣就少花力氣。

舉個例子。你思考和身邊的一個人如何相處時，最簡單的方式就是先判斷他是「好人」還是「壞人」，然後根據這樣的結論決定跟他相處的方式。好人就常在一起，壞人就離遠一點。這樣雖然錯的機率不低，但是真的省事，而且很多時候也夠用了。「好人」或「壞人」，只需要兩個中文字。如果用電腦來類比的話，就是四個byte的資料量(一個中文字是兩個byte)。

但如果你要理性的評估他到底是怎樣的一個人，那可能要對他從小到大成長的點滴，他現在面臨的處境，他想要什麼要的人生？他身邊的人跟他是什麼關係？都要有非常深入的了解。而這可能是幾兆個byte都不夠的資料量。電腦科學告訴我們，處理的資料量愈大，耗費的能量愈大。除非這是一個對我們的基因延續很重要的人，否則絕對不值得這麼做。

所以智者說「人們會忘記你說過的話，忘記你做過的事，但不會忘記你曾帶給他們的感受」。原因就是記住「說過的話、做過的事」很佔記憶體，但記得「感受」很省記

憶空間，而且也夠用了。

「以偏概全」、「刻板印象」，這些聽起來不好的行為，其實在演化上都有正面的價值。它們讓我們能夠很快的做出判斷，而且多數時候，是有助於生存的判斷。

所以該做的不是迴避情緒，譴責情緒，而是接納情緒的正面價值，並進而依循情緒的邏輯，發展出有效的溝通方式。

談情緒和理智時還有一個重要的面向，就是本能、情緒、理智的階層關係。

有人說造物主很懶惰，所以他不玩砍掉重練這一套，只是在之前做好的成品上面直接加東西。依循爬蟲類，哺乳類、靈長類的演化順序，本能、情緒、理性也有層級的關係。本能最基礎，其上是情緒，最上面才是理性。越底層的影響力越大。

當你手碰到火的時候，你一定會縮回來，這時候不管你有什麼情緒，不管你的理性怎樣想，你就是會縮回來。

當情緒強烈的時候，腦袋會陷入荷爾蒙風暴。這時候腦中會分泌一堆亂七八糟的東西，而這些東西就讓理性無法運作。只有在風暴比較平息之後，人才能回復到用理性思考。

因此情緒在溝通時有幾個重要的意義：

1. 比起理性，情緒可以更快速的啟動行為
2. 情緒比理性更容易記住，也記得更久
3. 情緒強烈時，理性無法運作

四、願景要虛；計畫要實

即使你不是基督徒，你可能也知道摩西帶領以色列人出埃及的故事，特別是在電影「埃及王子」全世界大賣座之後。摩西告訴以色列人有一個叫迦南的地方，那是一個流著蜜汁與牛奶的土地。他告訴以色列人，你們是上帝的子民，那是上帝應許給祂的子民的土地。你們應該跟著我，一起去那塊美好的土地。

但是你可能不知道，摩西當時沒有告訴以色列人民的是，離開埃及之後以色列人開始了在曠野的漫長漂泊。直到四十年後，以色列人才在約書亞的帶領下進入迦南地。是的！四十年，而就連摩西自己也沒能活著進入迦南地。

現在該回來談談，馬丁路德金恩為什要說「I have a dream!」？而不是「I have a plan!」了。

和摩西的迦南地一樣，當馬丁路德金恩說「I have a dream!」的時候，他談的其實是「願景」，而不是「計劃」。

就像其它許多管理上的概念一樣，「願景」和「計畫」有各種不同版本的定義。但是我個人認為，以下定義在實務上算是好用。

願景：被團隊成員所接受，有吸引力的未來

計畫：完成特定目標的具體行動及方法

以前面關於情緒與理性的論述為基礎，我們可以說願景連結情緒，計畫依賴理性。一個好的願景要激起團隊正

向的情緒，振奮人心，讓團隊願意用盡全力去追尋。在喚起行動時，善用情緒才能迅速、有力，並且被常記在心中。

相對的，計畫要理性。願景勾起了滿腔熱血雖然很好，但這只是開始。有夢最美，但還要逐夢踏實。離開了埃及的以色列人，這四十年不能只靠夢想和熱血，活下去的兩件大事，農牧和征戰，都要靠理性的計畫。

那麼如果當年馬丁路德金恩說的不是「I have a dream!」而是「I have a plan!」，會發生什麼事？

「I have a plan」是和理性腦溝通。一開始就從這裡切入，會有幾個問題：

1. 大會的氣場會很弱。群眾既不感動，更不行動。
2. 很花時間，聽眾沒耐心聽你講
3. 最重要的是，他很快就會被認為是個騙子。因為計畫是要被追蹤考核的，而我們都知道，計畫趕不上變化。計畫照時間完成的機率很低，特別是長期計畫。而那時團隊的向心力也就瓦解了。

所以願景要「虛」。經由感染團隊的情緒，轉化成有力且速迅的行動。並在受到挫折時，時時激勵團隊繼續向前。

但是相反的計畫要「實」。計畫有兩要素：目標和行動。一個實在的計畫，要從實在的目標開始。因為目標要轉換成具體的行動，同時跟績效考核連結；而行動則是完成目標的具體步驟。虛的目標是形容詞，形容詞再怎麼展

開還是形容詞，不能落實，無法考核。

同仁問總經理我們今年的目標是什麼？總經理說我們今年的目標是「讓我們的客戶生活變得更美好」。這句話既沒有辦法展開成具體的部門目標和策略，到了年底也沒有辦法以這個目標來檢核團隊的經營成效。但這句話作為願景，也許可以。

至於一個「實在」的目標必須具備哪些條件呢？有個SMART原則很可以參考。網路相關資料很多，這裡就只做簡要的說明。

S （Specific）：具體明確

明確指出努力的方向。

比方「全方位提高公司體質」就是一個讓人不知從何開始，不S的目標。

常見的具體方向，有以下六大類

多──業績更多
快──交期更短
好──品質更好
省──成本更低
安──工作環境或產品更安全
新──技術、流程、產品等方面的創新

M （Measurable）：可衡量

目標達到與否，可以客觀的評量。

比方提高網路品質就是一個無法衡量，不M的目標。

相對的，網路可正常使用的時間達99.9%就是一個可衡量的目標

A （Achievable）：可以達到

目前可能有難度，但多點努力，多些資源，就可以達到。

比方設定今年的業績目標是要比去年成長10倍，那可能只會被當笑話，完全起不了激勵的效果。但如果是和去年一樣，又不能鼓勵團隊成長。

人性願意接受有成功機會的挑戰，但是對遙不可及的目標則會直接放棄。

究竟要成長多少才是適合的目標沒有標準答案，考驗領導者智慧。但原則上，是考量團隊可及範圍的能力提昇，以及合理的額外資源投入之後，所能達到的目標。

R （Relevant）：相互關連

和上層以及別部門的目標有連結，而不是自行其是，甚至有所衝突。

設定目標時常見的問題是部門的目標沒有連結到公司整體的目標，以致於「手術成功了，病人卻死了」。也就是各部門雖然達到目標了，但是公司總體的目標卻沒有達到。

企業所用的MBO或OKR，目的之一就是要讓目標和目標之間，能夠緊密的連結，達到整合的功效。至於

MBO 和 OKR，我們會在後續的章節中介紹。

T （Time-Bound）：有期限

目標要有明確的完成時間。

沒有時間的目標是空話。相對的，沒有不合理的目標，只有不合理的時間。業績要成長十倍也不是問題，就看要花多少時間而已。

系統順利上線是空話。而系統 6 月 1 日順利上線和系統 12 月 31 日順利上線，不管從資源配置或是績效考核來說，都有很大的差別。

做個小結論。願景要虛，但是感情要真，真到讓人每每想到這個願景就熱血沸騰，感動到淚流滿面。每個人對於願景的理解有所不同，看到的畫面也不太一樣，無妨。團隊能振奮精神一起往前走就好。

計畫要實，實得擲地有聲，一步一腳印。目標要符合 SMART 原則。更重要的是，領導者與團隊成員，或是團隊成員彼此之間，對於目標不能有認知的差異，所以一定要再三溝通，確保團隊是往同一目標前進。

五、虛話放前後，實話擺中間

虛話和實話的搭配應用，還有一個更常見的情境就是演講或作簡報。

如果把一個演講或簡報拆成開頭、中間、結尾三段，而每一段都有情緒或理性兩種表達策略可以選擇。那麼依照排列組合，可以有這八種組合。

請看一看這八種組合，然後選出你認為最有說服力的是哪一種呢？

	開頭	中間	結尾
1	情緒	情緒	情緒
2	理性	理性	理性
3	理性	理性	情緒
4	情緒	情緒	理性
5	情緒	理性	理性
6	理性	情緒	情緒
7	理性	情緒	理性
8	情緒	理性	情緒

沒有意外的話，你應該會選8吧？因為這符合我們的生活經驗，而這也的確是我的建議。

「貨出得去，人進得來，大家發大財」這是虛的，訴求的是情緒。

「提昇競爭力的12項經濟建設」，這是實的，訴求的是理性。

如果一開頭就講「提昇競爭力的12項經濟建設」，估計講不到第三項，下面就有人睡了。

相對的，一上臺就喊「貨出得去，人進得來，大家發大財」場子立刻就熱起來。最後結束前再喊一次「貨出得去，人進得來，大家發大財」，群眾更是會high到最高點，在興奮的情緒中，留下深刻的印象。

但是如果中間那一段還是在重複「貨出得去，人進得來，大家發大財」，那聽起來就像是唬爛了。這時應該要讓「提昇競爭力的12項經濟建設」出場了。這樣聽眾才會覺得收穫滿滿，有飽足感。雖然事後你問他們到底記住了什麼？他們可能還是只記得「貨出得去，人進得來，大家發大財」。

這樣「虛＋實＋虛」，或是說「情緒＋理性＋情緒」的結構其實很常見。賈伯斯就是其中的代表性人物。你看他的簡報的開場通常是LDS，以拉近和聽眾的距離，或是塑造某種情緒。結尾也是同樣的手法。但中間就要有料，讓觀眾清楚看到新的規格、功能以及科技帶來的美好。

六、結語

人類靠情緒和理性才存活繁衍至今。溝通也要順應這兩種模式，才能達到最大的效果。

虛話虛而不弱，虛話有時力量更大。

願景要虛，計畫要實。

報告時頭尾要虛，中間要實。

最後送大家一句話：「財富是夢想的紅利，務實是對夢想的責任」，據說是天團五月天說的——呃！這也是虛話吧！

7

那些年，我們一起追的目標
說說MOB、KPI還有OKR

如果開車時要注意18個儀表，車開不下去

KPI的精神在於Key

武士刀和菜刀該選哪一個？那要看你要做什麼？

電影裡一起追女孩很浪漫；但公司裡，要團隊一起追目標卻常常很散漫。這篇談的就是為了讓團隊追共同目標，相關的觀念及工具。

一、開車看幾個儀表？

一個顧問案中，客戶的總經理拿了一位經理的KPI和我討論。我算了一下，發現這位經理明年有18個KPI指標。

「林顧問，你覺得我們這系統設計得怎麼樣？」總經理問

「我們考慮很多層面，希望能全面性的評量員工績效。」總經理繼續說，語氣帶著驕傲。

「總經理，請問你開車的時候看幾個儀表？」我問。沒有直接回答他的問題。

「通常就是速度表吧！最多偶而看一下轉速表。如果要看到引擎溫度表，通常事情就大條了」總經理回答。

「如果您開車的時候要注意18個儀表，請問車開得下去嗎？」我再問。

「應該會出車禍吧！好啦！好啦！我知道你的意思，指標太多了。」總經理笑著回答。

二、從MBO到OKR和KPI

最近有個很熱門的名詞叫做「OKR(Objectives and Key Results)」。企管界一向善於發明新名詞。其中很多新名詞，聽起來高大上，但實際上只是把你原本就已經知道的白話文，用文言文再講一遍而已。那OKR是不是也是這樣的新瓶舊酒呢？

我認為不是。我建議大家好好理解一下OKR這三個英文字母。因為也許不久之後，他對你我的工作模式，還有績效考核制度，都將產生巨大的影響。

如果你已經聽過OKR，那希望這篇文章能幫你整理觀點。如果你之前沒聽過OKR，那現在正是開始了解OKR的好時機。篇幅有限我們只能淺談，但至少希望提供讀者一個理解OKR的好用架構。

OKR常和另外兩個管理的觀念放在一起，也就是MBO和KPI。為了讓大家有比較清楚的方向，我先把這三個概念做個比較說明，並整理成下表。

MBO、OKR、KPI 的比較表

	MBO	OKR	KPI
英文原文	Management By Objective	Objectives and Key Results	Key Performance Indicator
中文	目標管理	目標與關鍵成果法	關鍵績效指標
觀念重點	以有系統且合乎邏輯的方式，讓總體目標與個別行動項目有效連結	以 MBO 的觀念為基礎，但績效與 OKR 得分不直接相關	以 MBO 的觀念為基礎，並特別強調控管。績效與 KPI 得分直接相關
操作重點	每一層級的目標都要 SMART。每一層級的目標都緊緊關連，且不相同。	目標（O）可以只是方向性的敘述（並不 SMART）但 KR（Key Result）則是具體的指標。有些情況下，不同層級會有同樣的 O，但有不同的 KR。	KPI 一定是明確的量化指標。重視並獎勵最終執行結果
優點	激發團隊的前瞻性溝通及思考	考慮了 KPI 的優點，對關鍵結果進行考核，但又不會有「見樹不見林」的盲點。讓管理者和團隊成員在日常中對工作目標和標準有積極交流。讓工作更加靈活，避免僵化，有利於鼓勵創新	有效的刺激團隊成員工作積極性考核什麼，就會得到什麼，效果明顯簡化績效考核的流程（雖然不一定更公平）
缺點	過程會花很多時間。考驗管理者的溝通與管理能力。	增加績效考核的複雜度。需要配合團隊成員對工作高度投入的決心。考驗管理者的溝通與管理能力。	為了績效及獎勵，過於關注 KPI 的數值，而忽略團隊更重要的目標。有許多目標無法或不適合指標化。有可能為了指標化反而將團隊成員引入錯誤的工作方向。

OKR本質上是MBO的直系後代。它承襲MBO的發展脈絡，想要解決的問題也相同。但架構和手法更符合現代企業所面臨的環境。

OKR和KPI的關係則像是人類和猴子。如果有人說人是猴子演化來的，那他一定是生物學沒讀好。因為人和猴子雖然有共同的祖先，但人並不是從猴子演化來的。OKR和KPI都來自MBO，但OKR並不是KPI的再進化。之所以這麼說，最主要的原因是KPI本質上是績效考核的工具，但OKR不是。

OKR是提昇績效的工具，但基本上不建議當作績效考核的工具。

三、為達目的，慎選手段的MBO

一切還是得從MBO說起，而MBO的存在是為了處理「為達目的，慎選手段」這個問題。

人生最重要的事情就是目的和手段。目的是你這輩子真正要的是什麼？手段則是你用什麼方法來得到你要的？有人說「為達目的，不擇手段」。但這句話其實大錯特錯。因為不同的手段會有不同的副作用，不同的成本。慎選符合成本效益的手段，才有幸福的人生。

經營企業也一樣，最核心的兩件事情就是目標和執行。目標決定要做什麼；而執行就是怎麼去做。

這事說起來簡單，但是當組織規模變大的時候，如何讓每一個人一致的理解目標並且一致的執行，就是巨大的挑戰。對！這裡的重點就是「一致」。

這件事情傳統的解決方向是由上而下。也就是期望最上層領導者的想法能夠用有系統的方式傳遞到組織的每一個角落，然後讓大家一起來運作。於是MBO應運而生。

有句話說「組織追隨策略；策略因應環境」。MBO過去在很多公司被證明是有效的系統。但是因為以下經營環境的改變，MBO開始出現不夠力的現象。

1. 變化快。過去通常以年為單位的規劃週期跟不上環境變化的腳步
2. 不確定性高。當預測失準時，由上而下的運作方式會把錯誤的決策執行得很徹底，以致後果很嚴重

以上就是OKR出場接手MBO的背景。但又為什麼OKR常和KPI放在一起談呢？這是接下來要談的重點。

四、當KPI(Key Performance Indicator)成為 KPI(Killing Performance Indicator)

KPI大家一定不陌生。

KPI原本的用意良好，是希望減少管理的複雜度。管理者只需要很少的管控，其他讓團隊放手去做就對了。KPI的出發點是「多管目的，少管手段」，但是因為宿命的人性，很快就變成了「為達目的，不擇手段」。然後再經過變本加厲，稍有不慎，KPI(Key Performance Indicator)就成為KPI(Killing Performance Indicator)了。

有句話說：「衡量什麼就會得到什麼」。相對的，如果

「量」得不好，為了得到被衡量的結果，「手段」的副作用和成本就會反過來狠咬一口。

以下我們來看幾個KPI最後反而會傷害績效的例子：

部門	KPI	負面效果
法務人員	● 一年中所承接法律案件的平均結案時間 < 12 個月 ● 也就是結案時間愈短，績效愈好	案件只求迅速結案。可能濫用庭外和解，或接受對公司不是最有利的條件。
客服人員	● 每天接電話的數量 > 72 通 ● 也就是接電話通數多，績效愈好	沒錯！當然結果就是客服人員一心想掛電話，快快打發客戶。令人意外的是，這種低檔次的管理錯誤竟然是世界級電腦公司的真實案例。
程式開發人員	● 每月承辦案件被品管檢出的 bug 數 < 150 ● 也就是是程式的 bug 愈少，績效愈好	至少會出現兩個問題： 第一個是接的案件少，bug 自然少。結論就是少接少錯，不接沒錯。 第二個是同樣是 bug，大隻小隻傷害差很多。有些咬到會死，有些只是會癢。不論種類，把蟲子一視同仁，當然不對。
生產單位	● 承諾達交完成率 > 99% ● 也就是對於已回覆交期的訂單，於回覆的交期前完成出貨的訂單數，愈高愈好	既然是以「回覆的交期」為基準，那聰明的各位在回覆交期時該怎麼做才有好處，應該不用我再多說了吧？

KPI還有另一個很麻煩的副作用：它鼓勵團隊訂容易達到的低目標。既然達到目標有賞，沒做到要罰，那任何一個腦袋正常的人，都知道訂高目標是懲罰自己。

所以一個濫用KPI的公司，通常是不求突破，只求無過的平庸企業。

這裡我必須要把話說得再清楚一點。我不是說KPI一

無是處，而是：

1. MBO、KPI、OKR都只是工具。工具沒有好壞，只有合不合用。就像武士刀和菜刀該選哪一個？那要看你要做什麼？管理者的責任是想清楚選用的原因，並處理或接受衍生的後果
2. 只用在真正「key」的領域。不要多，不要浮濫，更不要為了用而用。
3. 「徒法不足以自行」，KPI只是一種「法」。願景、文化、領導等等，這些不那麼外顯可見的因素，是決定組織成敗的關鍵。比方很多宗教團體即使沒有KPI，一樣運作得很好

五、OKR為什麼會紅？

　　達爾文的進化論說適者生存。物種無法改變環境，也無法事先預測做好準備。唯一能做的只有且戰且走，迅速的回應環境變化。

　　現代的企業面臨VUCA(volatility（易變性）、uncertainty（不確定性）、complexity（複雜性）、ambiguity（模糊性））的經營環境，也只能像生態系中的物種，快速反應，且戰且走。而OKR就　生在這樣的背景。

　　這篇文章沒辦法談OKR的具體作法，有興趣的讀者請自己用功。但OKR的特色可以說明如下：

1. 不以預測的結果作為規劃的基礎，反而是持續的修正目

標與行動以因應外部的變化

2. 從以年為單位的規劃週期，縮短到季，月，甚至週

3. OKR的達成率不作為績效考核的根據。因此可以鼓勵團隊成員訂定有挑戰性、創新性的目標。

4. 在KPI的思維下，主管的角色像裁判，只在績效考核的時候告訴部屬做得好不好，然後論功行賞。而OKR鼓勵主管扮演教練的角色，在執行任務的過程中，持續的給予回饋，指導。

5. 導入OKR，通常需要適度的調整原有的績效考核制度，管理者也必須強化教練式領導的能力

六、結語

MBO、KPI、OKR都是工具，工具沒有好壞，只有合不合用。就像武士刀和菜刀該選哪一個？那要看你要做什麼？

KPI（Key Performance Indicators）的關鍵在於「Key」，企業裡真正重要，也值得全心的大事，大約也就三、四件。補充一下，只看三、四個績效指標，不是只做三、四件事，而是做的所有事，都要聚焦於朝向這三、四個關鍵的目標前進。像凸透鏡一樣，聚焦才能夠聚能，聚能才可以達到燃點，燒起熊熊的大火。

過往企業的經營環境相對比較穩定，也比較可預測，因此適合KPI出場的機會比較多。但是當改變加速，「天下武功，唯快不敗」，以應變見長的OKR，就值得管理者花更多心思去理解並運用了。

8

如何確保執行成果，
以及怎麼控制體重

「怎麼量」「何時量」「量多少」等都是事關重大的決策
有明確、具體、可衡量的目標，
才能有效地管理績效並適時地提出改善的行動

　　本文要談的是「管理者要如何才能確保任務的執行成果」。但在談這個主題之前，我們要先談另一個很重要的話題：如何控制體重。

管理體重四步驟

　　要正確的管理體重，總共有四個步驟，首先是「設定體重目標」，然後是「量體重」，再來是「比較實際體重與目標體重的差距」，最後則是「採取行動」。首先從「設定體重目標」說起。

步驟 1：設定體重目標

　　雖然都是年紀相近的中年大叔，但早已經自我放棄的我，和到現在還靠臉吃飯的郭富城，當然不會用同樣的體

重標準。甚至原本覺得自己肥到不行的我，有一次讀到一篇文章說：「人到中年以後，多點脂肪抵抗力比較好。」當下就覺得我的體重似乎也還過得去了。

步驟2：量體重

這件事在體重管理方面是最容易的，因為只要買個磅秤就可以了。但是關於什麼時候量、怎麼量還是有講究的。最好就是每天在固定的條件下量體重，比方說剛起床空腹的時候，只穿著內衣量，這樣得到的數字比較有意義。

步驟3：比較實際體重與目標體重的差距

拿目標體重和實際體重比較，基本上結果會有兩種呈現方式，一是絕對值，二則是百分比。舉例來說，一樣胖了兩公斤，對一個體重45公斤的正妹和一名85公斤的大叔而言，意義是大不相同的。這時候，百分比的表達方式就很有價值了。

步驟4：採取行動

此時，可能出現的行動方向大致有三種，分別是「改變標準」「改變體重」「什麼事都不用做」。

改變標準：我終於覺醒，想要瘦到像郭富城那樣子，是太辛苦且完全不必要的，過得開心比較重要。所以我決定重新設定自己的體重標準，加個10公斤，世界變得多美好！

改變體重：我雖然沒打算進演藝圈，但不能餘生都帶

著這身油膩，那太恐怖了。我決心要減肥！管住嘴，邁開腿！就是現在。

什麼事都不用做：體重計雖然顯示體重比標準多了 0.5 公斤，但我想應該是因為這兩天應酬多了一點，屬於特別情況。看看接下來一個月的行事曆，沒這麼多應酬了。所以我只要正常過日子，體重應該就會回到標準值了。

如何確保執行的成果

控制體重講完了，接下來談正事，也就是「如何確保執行的成果」。不管想要管理的是體重，還是團隊的績效，其實原則都是一樣的。

讓我們把剛剛的流程再走一遍，但把標題稍微修改一下，改成「目標」「衡量」「比較」「行動」。

步驟 1：目標

關於設定目標有一個最根本的重點：要有明確、具體、可衡量的目標，才能夠有效地管理績效，並且適時地提出改善的行動。就像如果沒有事先設定適合自己的理想體重，那麼這個減重計畫將注定是一場誤會。

步驟 2：衡量

「量」體重和「衡量」部屬績效，兩者雖然都是「測量」，但有一個最關鍵差別是：量體重不會改變體重，但量績效很可能改變績效。

管理學上有一個很有名的霍桑效應（Hawthorne

effect），說的就是這個現象。霍桑效應是因為以美國西方電器公司位於伊利諾州的霍桑工廠為研究對象而命名。實驗最初是探討一系列控制條件（如薪水、工廠照明度、濕度、休息間隔等）對員工工作表現的影響。在研究中意外發現，的確各種條件對生產效率都有促進作用，但甚至當控制條件回到原本狀態時，作用也仍然存在。也就是說，當員工感覺受到重視時，即便客觀的工作條件改變不存在，績效仍會提升。

從上述實驗中，我們看到的是因為衡量績效本身而帶來的正面影響；但是在實務上，我們更常看到的是為了滿足管理者「管」的慾望，因過多的衡量而造成的負面效果。比方說業績落後了，主管決定把原本每週一次的業務會議及報告改成每天一次。表面上是為了加大管理力度，以提振業績；但實際上，這些增加的會議和報告，反而佔去更多業務同仁原本可以用來開展業績的時間。結果導致士氣大傷，甚至業績不增反減。

所以當衡量的對象是人的時候，「怎麼量」「何時量」「量多少」等都是事關重大的決策，不可不慎重。

步驟 3：比較

比較這個動作在控制體重時很簡單，只是兩個數字比一下。但在管理上，除了和目標比較之外，必要時還得參考其他的基準，例如同業的狀況、產業的趨勢，甚至要和其他績效指標一起考量。畢竟，管理面對的是持續變化的環境，不能只用單一靜態的觀點。

步驟 4：行動

和控制體重一樣，比較完之後，大致會出現三種行動方向，分別為「改變目標」「改變績效」「什麼都不做」。

改變目標：這又有兩種情況，如果發現目標不可能達到，便要考慮改變目標，因為一個注定達不到的目標，不僅消磨士氣，也是對管理者信用的嘲諷。相反的，如果發現之前目標設太低，適度提高目標也許是必要的。當然，這時候通常會伴隨配套的「超標」獎勵。

改變績效：這就是前面提過的，如果部屬績效不好，可以從「知」「能」「願」三個角度分析，以採取有效的管理行動。

什麼都不做：對有些管理者而言，靜觀其變，「讓子彈飛」，反而是最困難的事。因為這違反他所習慣的「快速反應」原則。但就像前面所提的「霍桑效應」，管理者的行為常產生意料之外的結果。比方有位研發同仁產品開發進度落後，是因為他正把心力放在解決前任留下的重大問題，而且他有把握解決之後能如期完成專案。如果這時候主管多餘的介入，除了打擾他之外，說不定還會讓他覺得不被信任，進而影響他繼續投入專案的意願。

就像其他管理的問題一樣，什麼情況該改變目標、改變績效，還是什麼都不做，並沒有標準答案。而這也正是挑戰管理者智慧的時候。

不是不盯，但不能只有盯

常有主管說，他的工作是「盯業績」「盯工作進度」或「盯品質」。如果以這篇文章的角度來看，所謂的「盯」，其實就是「衡量」和「比較」這兩個步驟。

盯不是不重要，但要注意的是，在盯之前的目標設定，以及盯完之後的行動，更是重點中的重點。而盯本身所產生的效應，也是管理者要謹慎考量的。

9......

夏天不賣芋泥的經營智慧
——不做什麼的堅持

策略就是不做什麼

因為選擇了「不做什麼」，所以聚焦

一個「不」的力量，往往更勝千招萬式

夏天不賣芋泥的老店

有一次我們一家到新竹無計畫的輕旅行。依「行到迷路處，吃到撐死時」的原則，一不小心走到一家賣大粒粉圓冰，招牌產品是芋泥的百年老店。據老闆說，他已經是第四代了。

東西果然好吃又有特色。但更引起我好奇的是，店裡的海報及菜單上清楚標明，端午節到中秋節期間不賣芋泥。

問老闆為什麼這段時間不賣招牌的芋泥，老闆理直氣壯的回答：「因為夏天的芋頭不好！」

我想起策略大師Michael Porter的一句話：「策略就是不做什麼。」這位老闆未必學過策略規畫，但他的所作所為正與大師所言若合符節。

其實朋友都知道我嘴吧笨，吃不太出東西的好壞。但我一想到老闆為了堅持品質，在夏天寧願自廢武功，捨去一條主力產品，就覺得口中綿糯溫潤的芋泥，多了幾分滋味。

進一步分析，堅持「不做什麼」至少有兩個好處。一個是內部企業的整合，一個是外部客戶的認知。

「不」強化企業內部整合

先看內部企業的整合。因為選擇了「不做什麼」，所以聚焦，企業有限的資源容易發揮最大效益。

不做什麼的選擇，可以是行銷4P其中的任何一P，也可以是形而上的企業文化。幾個例子：

- Product：我吃的新竹百年老店，堅持夏天「不」賣芋泥
- Promotion：多層次傳銷公司，堅持「不」打電視廣告
- Place：昇陽電腦（Sun Microsystems）堅持「不」做直銷，只做經銷
- Price：一流顧問公司，服務收費「不」打折
- 企業文化：Google的「Don't」be evil!

一旦確立了一個「不」，後面就省了很多事。就拿我從事的顧問行業來說好了。顧問公司既然有了收費不打折這個「不」，那他們的業務人員，就少了和客戶議價這件超級麻煩的事。又因為價格不能動，只好使盡全力證明價值高於價格。顧問公司的所有資源，也都往這方向配置。

這就是有效的整合。

　　另外要特別一提的是，在以知識工作者為主體的企業，其中的員工基本上不需要「to do list」，而只需要「don't do list」。

　　比方在軟體、文創這類強調創意、創新的企業，管理者根本沒辦法告訴員工該做什麼（to do list），因為哪些事該做，管理者自己也不知道。相反的，管理者要做的是創造出一個界內百無禁忌，界外百毒不侵的「結界」，讓這些有才華的知識工作者，在這個結界裡盡情發揮他們的智力，為所欲為。而只要不離開這個結界的範圍（don't do list），沒什麼事不能做。這已經被近來很多成功的新創公司，證明是有效的做法。

　　所以，帶領知識工作者所組成的團隊時，真正的關鍵一樣是「不做什麼」。

「不」釐清外部客戶的認知

　　從外部客戶的認知來看，「不」可以給客戶明確的訊息，自動過濾掉不適合的客戶。繼續以顧問公司為例。有個固定的收費標準明明白白的掛在那裡時，付不起或不想付的客戶就會自動消失，彼此不要耽誤青春。

　　當年曾盛極一時的昇陽電腦，在通路策略上就是「絕不直銷」。不管再大的客戶、再大的訂單，公司也一定是和經銷商合作，絕不會為了多賺一手中間付給經銷商的利潤，而背著經銷商自己偷偷直接賣東西給客戶。

　　這樣簡單明確，絕「不」直銷的通路策略，讓昇陽電

腦成為最受經銷商歡迎的電腦製造商。因為經銷商知道昇陽電腦絕不會和他們爭利。昇陽電腦當年的榮景，和因為這樣的策略而迅速建立起的全球完善經銷網，有很大的關係。

因為有了「不」，人生更美好

「不」做什麼是策略，策略當然可以改。昨天不做的，不一定今天就不做。只是實務上，一個穩定的策略通常效果更好。所以決定什麼「不」做的時候，要謹慎。一旦決定「不」之後，除非理由充足，別亂動。

忽然無厘頭的想到，婚姻也是同樣的邏輯。結婚表示下班後就乖乖回家吧！「不」能再留戀花叢裡了。這雖然是個很大的限制，但也省了不少事。另外，婚戒一戴，自動就把一些閒雜人等過濾掉了，免生無謂事端。婚姻之美妙，其中之一就是減少麻煩吧！

談策略，大家比較常想到的是要做什麼；但一個「不」的力量，往往更勝千招萬式。

你經營的企業有什麼「不」呢？你的人生又有什麼「不」呢？想清楚、寫下來，然後好好遵守。你會發現這世界變得更簡單美好許多！

10

規畫的
三個美好副作用

規畫的第一個美好副作用是澄清假設
規畫的第二個美好副作用是盤點資源
規畫的第三個美好副作用是形成承諾

　　上文分享了「不做什麼」的策略規畫，這篇文章要談的卻是為什麼做規畫能提升企業績效。

計畫沒什麼用，規畫卻是至關重要

　　談到規畫，我想更多人腦袋立刻出現的是另一句話：「計畫趕不上變化」。意思就是，事前的這些計畫都是沒有用的，都是浪費時間而已。

　　但是事情真的是這樣子嗎？倒也未必。要談這個問題，我們要請出一位重量級的人物來為大家開釋，他就是美國前總統，也是二次世界大戰時期，歐洲戰區盟軍最高統帥艾森豪先生。

　　關於計畫，他曾經說過：「plans are nothing, planning is everything」。這句話翻成中文，意思就是：「計畫沒什麼

用，規畫卻是至關重要」。

這句話的關鍵在於他把英文中的 plan 和 planning 做了明確的區分。plan 中文通常翻成計畫，而 planning，我們就翻成規畫吧！兩者最根本的差別是，計畫指的是團隊透過一堆討論，最後產生出來的那一套文件；規畫則是指產生這一套文件的過程中，團隊所做的前瞻性溝通和思考。

艾森豪總統說，他同意我們花了一堆力氣寫出來的計畫書，真的往往趕不上變化，說不定計畫書完成之後不到幾個月，又必須全部推翻重寫了。但是他認為，在產生計畫書的這個過程中團隊所作的思考和溝通，卻是對於後續團隊的績效有關鍵性影響。

那為什麼 planning 重要，以及它到底對團隊的績效產生什麼影響呢？我認為規畫對團隊的效益，具體可以呈現在三個方面，我們就稱之為規畫的三個美好副作用。

美好副作用一：澄清假設

第一個美好副作用是澄清假設，人類所有的決策一定是基於某些假設。有假設不是問題，有問題的是：你不知道自己有假設，以及你認為別人跟你的假設都一樣。

比方說，當主管要求團隊開發某項新產品的時候，他一定是假設他預測的某些市場趨勢是對的，而且他假設這個產品的規格、特性可以滿足這個趨勢產生的需求。但是如果他不和他的團隊溝通，討論這個假設，那就有可能產生兩個不好狀況：

- 他認為的**趨勢**，可能只是他一廂情願的想像，缺乏有力的佐證。
- 團隊對**趨勢**的看法和他一樣，對顧客需求的判斷卻不同。所以等到他發現團隊開發出來的東西跟預期不一樣時，已經過了大半年，失去了市場先機。

美好副作用二：盤點資源

規畫的第二個美好副作用是盤點資源。有句話說「樹大有枯枝，人多有白痴」，組織的宿命就是當組織越大的時候，組織內部的資訊不對稱就越嚴重。白話文就是你不知道我在做什麼，我也不知道你在做什麼；你不知道我有什麼，我也不知道你有什麼。

透過規畫時的溝通跟討論，我們可以讓每個部門擁有的資源都浮現出來，並因此得到最有效的運用。比方說某個部門有一堆用過、正準備報廢的二手零件，但說不定在另一個樓層的某個部門，卻正準備另外花錢去跟別的廠商買一模一樣的二手零件。經由有效的規畫流程，這樣的浪費就不會發生。

美好副作用三：形成承諾

規畫的第三個美好副作用是形成承諾。規畫的過程中把目標的責任歸屬講清楚，成為一種承諾。很多人覺得承諾是一種束縛，但是換個角度講，承諾也可以得到自由，也可以得到資源。

比方說，因為我在規畫時承諾了一、二、三、四這四

個目標，所以接下來的時間，跟一、二、三、四這四個目標不相關的事情，除非有另外的決議，就不應該由我來承擔。

再來，因為我承諾了要做到一、二、三、四這四個目標，就有權利跟團隊要求完成這些目標所需要的資源。

如此一來，我們就可以讓工作的權責更清楚，資源也分配到最該得到的人手上。

所以領導者可以仔細觀察團隊的規畫情況。如果他的團隊產生計畫的過程是他發一份表格請團隊隊成員填寫，過了一段時間之後他再把表格收回來，其間沒有具體深入的討論、思考，那這些文件不管頁數有多少，都還真是「nothing」。

但是相反的，如果他們利用這個機會深入溝通、甚至辯論未來該做的事情，那麼最後產出的文件即使過了幾個月之後，發現與現況又不符合了，那麼這個過程對團隊仍然是彌足珍貴。

同樣的，許多公司在年底花了大把時間金錢辦策略規畫營。但是如果這個場合只是公司高層單向的宣達未來的目標和計畫，卻缺乏有效的互動討論及思辨，那就真的太、太、太可惜了！

11
年度計畫的
「兩個不是」和「兩個必須」

年度計畫不是算命，比誰準
年度計畫不是目標的分解
行動和目標之間必須有邏輯上的緊密關聯
必須接受公司資源有限的現實

計畫無用論：企業界最大的冤案

　　曾經在企業，特別是大企業工作過的人，對以下的畫面應該都很熟悉：

　　首先是有人花了很多時間起草、討論、修改，產出近百張ppt的年度計畫。然後一堆人關在會議室裡（有時如果公司賺錢，或是大老闆心情特別好，還會選在風光明媚的度假勝地開會，想說讓大家放輕鬆，順便搞賞一年的辛勞。結果當然是並沒有）。最後花兩天時間彼此批判鬥爭，為了計畫裡的數字細節爭得面紅耳赤。好不容易，計畫終於定案了。然後呢？然後那一年就再沒有人管那份計畫了。

227

　　因為有太多這樣不美麗的回憶，所以很多人早已經練出把年度計畫當成娛樂老闆的作文比賽，「他強任他強，清風拂山崗；他橫任他橫，明月照大江」的淡定態度。

　　但是年度計畫的宿命真的就只能這樣嗎？以我多年協助企業進行年度策略規畫的經驗，我認為「計畫無用論」是企業界最大的冤案。因為只要建立以下正確觀念，計畫的確可以成為提升經營績效的有效工具。

　　這些原則我整理成為「兩個不是」和「兩個必須」。

兩個「不是」

第一個「不是」：年度計畫不是算命，比誰準

　　年度計畫最常被批評的就是年初的預測，到年底來看根本不準，是個笑話。但其實年度計畫的重點根本不在預測得準不準，反而就是因為企業經營環境變化越來越快，而且很難猜得準，所以企業需要有效的機制，讓團隊成員之間：

● 充份共享資訊
● 了解彼此想法
● 盤點所有資源

　　有了這樣的準備，在環境產生改變的時候團隊就能夠有效因應。

　　美國前總統艾森豪曾經說過「plans are nothing,

planning is everything」。說的就是這樣的觀念（在前篇〈規畫的三個美好副作用〉中已有更詳細的探討）。艾森豪承認寫出來的那些計畫書之類的文件（plans），基本上沒什麼用（nothing）；規畫（planning）過程中團隊進行的前瞻性思考以及開放的溝通，才是真正的重點（everything）。

所以如果做年度計畫的時候，老闆只是寄表格給部屬，部屬寫完之後交回給老闆，彼此之間沒有討論溝通，甚至辯論（對！有時候辯論很重要。當老闆的你，接受部屬和你辯論嗎？），那麼這些最後產出的文件，真的就是nothing。

第二個「不是」：年度計畫不是目標的分解

我看過一家公司臺灣區業務部的年度計畫是這樣：

年度目標	總營收 5000 萬						
策略	大北區			大中區		大南區	
	2500 萬			1000 萬		1500 萬	
行動計畫	北一區	北二區	北三區	中一區	中二區	南一區	南二區
	900 萬	700 萬	900 萬	500 萬	500 萬	900 萬	600 萬

天啊！我的眼睛看到了什麼？以上這個例子就是標準

的目標分解，也是標準的垃圾計畫。

計畫是為了達到目標，但是目標一旦確定之後，最不需要被管理的就是目標。因為目標是果，行為是因。管理的重點是掌握這些因（行為），然後產生果（績效），而不是把大目標轉成中目標，中目標再轉成小目標，這種無間道式的輪迴。

所以確定目標之後，要往下分解的必須是某些關鍵行為。這些行為大致可以分成以下三類：

● 必須解決的重要問題
● 必須掌握的關鍵資源
● 必須發展的關鍵能力

只有當計畫分解到行為層次的時候，這個計畫才有意義，也才可管理。

兩個「必須」

第一個「必須」：行動和目標之間必須有邏輯上的緊密關聯

有位同仁今年目標是「業績做到1000萬」，而行動項目之一是「多益考到800分」。那我們就要問，多益考800分當然不錯啊！問題是這樣的成績和業績有什麼關係？

如果這位同仁的工作完全不需要用到英文，那麼學好英文這件事就是屬於自我成長的領域，絕對是好事，卻也

絕對和績效無關。多益考到990滿分，業績可能一樣爛。

再比方說，如果目標是「產品不良率降到0.5%以下」，而行動項目是「全員取得某種技術證照」。那要問的就是，之前的不良產品，有多少比率是因為人員操作失誤造成的？如果之前的產品不良原因大部份是機械老舊造成，那麼人員訓練得再好，也於事無補。

所以計畫不是作文比賽，而是建立在事實的理性溝通及分析。

第二個「必須」：必須接受公司資源有限的現實

經理人的天職是「限制條件下求最佳解」。如果你的公司資源無窮，要什麼有什麼，那其實你也沒什麼價值了。反正凡事開外掛，過不了關就課金買裝備，那算什麼高手？

我也看過另一種垃圾計畫，長篇大論，但中心思想就只有一個：我的部份都很好，問題之所以還沒解決，是因為公司不給資源。

舉例來說，客服單位要達到零客訴的目標，其實也不難。只要把握一個原則就好：不管客戶要什麼，我們都給。

這種孝感動天的服務，客戶當然滿意，但公司很快也會倒閉。所以在公司資源有限的條件之下，思考如何透過創意和努力仍能完成目標，這才是有價值的計畫。而要做到這點，就又和第一個「不是」所提到的，透過「planning」的過程，團隊共享資訊、增進了解、盤點資源這三點息息相關。

　　以上這兩個「不是」和「必須」的觀念都搞清楚了，那計畫就很有機會成為企業提昇績效的好工具。但是當然這只是開始，還有很多步驟以及「眉眉角角」要到位，才能真正發揮年度計畫的威力。

〈結語〉
善守者藏於九地之下，
善攻者動於九天之上

　　有次一位客戶問我：「Jeffrey，你雖然工作經驗豐富，但再怎麼樣也不可能歷練過所有的行業、職位。你絕大多數的客戶，自身產業的實務經驗都比你豐富得多。你如何能遊走各行業，還能讓客戶信服，甘願接受你的建議？」

　　從他的眼中，我看到許多的質疑，還有一絲的羨慕。

　　我回答他：「孫子兵法中有一段話：『善守者藏於九地之下，善攻者動於九天之上，故能自保而全勝也。』這就是我的祕密武器。」

向深處挖，往高處看

　　各行業的產業特性，就像地表的地形地貌：或高山，或平原；或沼澤，或沙漠，差異非常之大。但如果著眼於地表的深處，還有高遠的天空時，就沒什麼差別了。

　　以顧問這行的實務而言，處理客戶問題時，不管什麼產業，不論什麼規模，只要向深處挖，或往高處看，問題都相近。

　　向深處挖，「藏於九地之下」，挖的是人性。管理不外

乎人性；而不管古今中外，不論不同的產業、國家，人性都驚人的相似。處理企業裡關於人的議題時，最重要的是弄清楚三個問題：

- 同仁要的是什麼？
- 企業要同仁表現出來的行為是什麼？
- 同仁相不相信，當他們表現出企業要的行為時，就會得到他們要的結果？

往高處看，「動於九天之上」，談的是定位與策略。不論經營什麼行業，要回答的三個基本問題也都一樣：

- 做什麼？問企業的價值定位
- 憑什麼？問企業的核心競爭力
- 和誰做？問企業在價值鏈中的角色

所以，不論是員工只有幾人的家族式餐廳，或是以萬人計的大型製造業，經營者真正必須關心的，還是這六個問題。而顧問的角色，就是在旁協助客戶：澄清假設，盤點資源，引導思考，最後再給些建議。這些事情所以有時需要外部顧問的協助，而不能倚靠平日併肩作戰的夥伴，是因為「不識廬山真面目，只緣身在此山中」。有些時候，人就是需要別人用「旁觀者清」的眼光，提供不同的觀點，才能看透事理。

這麼說來，了解產業對顧問來說不重要嗎？倒也不是。

顧問不一定要是產業的專家，但一定要有能力站在客戶的身邊，和客戶一起用他的角度、視野看世界。當顧問知道客戶眼中的世界長成什麼樣子的時候，才能恰如其份的帶他看得高，挖得深。所以雖然顧問不必是產業的專家，但聽得懂客戶的語言，以及對客戶的產業生態有相當程度的認識，還是必要的。而這方面，通常就和顧問本身的「雜學」有關了。

能提供客戶不同觀點的顧問，通常興趣廣泛，好奇心強，而且往往學習經驗比較多元。因此可以很快的掌握一門新知識領域的架構和概念。這些架構和概念當然還無法讓顧問成為該產業的專家，卻足以讓他理解客戶的語言，參與他們的世界。

以我自己為例吧！（這樣有點害羞啦！呵呵！）我大學主修機械，碩士讀的是MBA。平常喜歡看歷史、政治、心理學方面的書籍。還自認為文青，三不五時翻些文學作品，一個星期看至少兩部電影，還有很多亂七八糟的Youtube影片（其中有不少是因為孩子的推薦才看的）。如果問我最有興趣的事是什麼，我還真說不出來。但也許是因為這樣，在我工作中，聽懂客戶在講什麼，理解他們在想什麼，一直不是太大的問題。而我也很開心從小雜亂的興趣，竟然可以在工作上發揮效用。

最後，延續上面的案例，我還有以下幾點想要分享：

知識是不平等的

知識是不平等的，有些知識就是比其他知識更有用。

我們也許可以稱這些更加有用的知識為「核心知識」(和健身一定要練「核心肌群」的觀念好像有相通喔！)。以我的觀點，核心知識基本上就兩個領域：「思考邏輯」和「人性」。

如果思考邏輯和人性有完整的體系，就可以很容易把每天接收到的龐雜資訊有效分門別類，進而看出這些訊息背後真正的意含。

就像一樣看八卦雜誌，有些人看了內容只有情緒，覺得好笑或生氣。有些人卻可以從其中看出社會趨勢，甚至投資機會。一樣的材料，放在不同的結構中，價值是天和地的差別。就像鑽石和石墨，原料都是碳，只是結構不同而已。

失敗不是成功之母

「失敗是成功之母」這句話誤了很多人的人生。因為失敗從來都不是成功之母，失敗之後的檢討及省思才是成功之母。如果一個人只是不停的失敗，卻不用正確的思考工具，有系統的檢討為什麼失敗，那麼悲劇只會無止盡的重演。

在一個坑洞上跌倒一次，是意外。

在同一個坑洞上跌倒兩次，是不幸。

在同一個坑洞上跌倒三次，是愚蠢。

好的判斷能力通常與經驗有關，卻不是必要條件。真正的關鍵並不是經驗本身，而是經驗之後的省思。特別是能不能經由省思，把這些經驗用來強化思考邏輯和人性的

架構。經驗不能跨領域直接移植，但思考邏輯和人性卻是放諸四海皆準的。

　　說到最後，我所謂顧問賴以吃飯的「九地」和「九天」，其實就是人性和思考邏輯這兩種核心知識的延伸和應用。而我相信，持續修鍊這兩個核心知識，將會帶來強大的回報。

作者履歷

學歷：臺灣大學商學研究所企管碩士

交通大學機械工程系學士

經歷：宇一企業管理顧問有限 　　　總經理
公司

欣揚電腦股份有限公司 　　　總經理

艾訊股份有限公司 　　　　營運副總經理

　　　　　　　　　　　　　業務副總經理

昇陽電腦 　　　　　　　　資深業務經理

英特連（香港）有限公 　　　總經理
司

惠普科技（HP） 　　　　　PC暨周邊事業處 經銷
業務經理

福特六和汽車公司 　　　　營銷處業務部 營運規畫
（Ford） 　　　　　　　　經理

　　　　　　　　　　　　　營銷處業務部 資深地區
業務經理

　　　　　　　　　　　　　營銷處零件服務部 地區
經理

裕隆企業集團總管理處 　　　專員

認證、著作及其他能力

認證：DISC認證講師（2005年受證）

Hogan Assessment Level 1 Certification

著作：《為什麼要聽你說？百大企業最受歡迎的簡報課，
人人都能成為抓住人心高手！》（木馬）

http://www.books.com.tw/products/0010566510）

緯育集團（http://www.wiedu.com）線上課程，「管理學院」「業務學院」內容規劃及主講者。

能以英文授課。

專精授課領域

業務類	管理類	溝通類
顧問式銷售技巧 關鍵客戶策略及管理 通路策略及管理	目標管理與執行 策略規畫 工作教練（Coaching） 問題分析與決策 建立高績效的團隊 績效管理	簡報技巧 談判技巧 會議管理 溝通技巧

等人提拔，不如自己拿梯子往上爬

作者／林宜璟

社長／林宜澐
總編輯／廖志墭
主編／黃秀慧
編輯／陳錦輝
封面設計／BIANCO Tsai
內文排版／藍天圖物宜字社

出版／
蔚藍文化出版股份有限公司
地址：110臺北市信義區基隆路一段167號5樓之1
電話：02-22431897
臉書：https://www.facebook.com/AZUREPUBLISH/
讀者服務信箱：azurebks@gmail.com

總經銷／大和書報圖書股份有限公司
地址：24890新北市新莊市五工五路2號
電話：02-8990-2588

法律顧問／眾律國際法律事務所　著作權律師／范國華律師
電話：02-2759-5585　網站：www.zoomlaw.net

印刷／世和印製企業有限公司
定價／臺幣300元
ISBN／978-986-5504-40-3

初版一刷／2021年9月

等人提拔，不如自己拿梯子往上爬／林宜璟著. -- 初
版. -- 臺北市：蔚藍文化出版股份有限公司, 2021.09
240面；　公分
ISBN 978-986-5504-40-3（平裝）

1.職場成功法　2.生活指導

494.35　　　　　　　　　　　　　110006747